Mosaik Neue Naturführer

Vögel

Europas

Peter Holden

Mosaik

Die Originalausgabe erschien 1996
unter dem Titel *Wild Guide Birds* bei
HarperCollins Publishers Ltd, London

Aus dem Englischen von Dr. Ralph Klein
Projektleitung der deutschen Ausgabe:
Elisabeth Keller, Mosaik Verlag München

Einbandgestaltung: Design Team München
Einbandfoto: CEFA/Heintgens
Satz: Typographischer Betrieb W. Biering/H. Numberger, München

Bildnachweis:
Alle Fotos von Paul Sterry außer:
Frank V Blackburn 72, 78, 152, 157, 162, 164, 170, 183, 186, 198, 204, 214, 230, 242, 248, 250; Mark Bolton 138, 205; Derick Bonsall 207; Robin Bush; 80, 209; NA Callow 48; Kevin Carlson 71, 73, 115, 155, 160, 169, 222, 225; Colin Carver 25, 40, 68, 98, 171, 179, 185, 187, 189, 193, 197, 199, 200, 211, 226, 233, 244, 249; RJ Chandler 43, 220; Hugh Clark 64, 168; Andrew Cleave 229 bottom; AK Davies 136; Paul Doherty 127; Geoff du Feu 99; Michael Gore 124, 165, 235, 246; Harold Hems 243; Dr MR Hill 34, 151, 174; B Hughes (Windrush Photos) 11; EA Janes 44, 61, 74, 87, 94, 107, 119, 146, 153, 156, 166, 202, 224; John Karmali 12; M Muller and H Wohlmuth 67; Philip K Newman 15, 76, 77, 82, 83, 122, 196, 215; William S Paton 26, 65, 66, 69, 79, 95, 100; JF Reynolds 28, 101; Peter Roberts 70, 123; Don Smith 167, 229 top; Robert T Smith 16, 195, 221; EK Thompson 10; Roger Tidman 14, 19, 23, 27, 30, 39, 42, 56, 86, 93, 108, 110, 111, 114, 134, 139, 143, 148, 154, 161, 191, 223, 245; Steve Young 208.
From Bruce Coleman: MP Kahl 18. From FLPA: E and D Hosking 20.
From RSPB: CH Gomersall 9, 21, 135; Tony Hamblin 150, 201.

Printed in Hong Kong
ISBN 3-576-11343-6

Vorwort

Ich beobachte nun seit mehr als vierzig Jahren Vögel und finde es noch immer schwierig, meine Faszination zu beschreiben. Die ungeheure Vielfalt, ihre Schönheit und das erstaunliche Verhalten sind nur einige der Gründe.

Ihr Vermögen, auf ihren Wanderungen die Welt zu umspannen und sich an sämtliche Umweltbedingungen anzupassen, einschließlich heißer Wüsten, offener Ozeane oder sogar der Eiskappen, ist bezaubernd und beflügelt die Phantasie.

Glücklicherweise muß man keine fernen Länder bereisen, um den Anblick dieser außerordentlichen Vögel zu genießen. Die erste Schwalbe im Frühjahr hat eine lange Reise von Europa nach Südafrika und zurück hinter sich. Der Knutt, der sich im Herbst an unseren Flußmündungen tummelt, kommt von jenseits des Polarkreises, und der einsame Steinschmätzer im Frühling auf der Meeresklippe ist wohl auf dem Weg von seinem Winterquartier südlich der Sahara zu seinem Nistplatz in Grönland.

Sogar unsere Gartenvögel sind ein Quell der Inspiration: die Singdrossel, die Schnecken auf dem Gartenweg aufknackt, das Rotkehlchen, das eisern sein Revier verteidigt, die Mehlschwalbe, die ihr Lehmnest im Dachgesims baut und der aufregende Sperber, der sich fast ganz von den Auswirkungen landwirtschaftlicher Chemikalien erholt hat und nun kleine Vögel jagt. Sie alle besuchen unsere Gärten mit einer atemberaubenden Lebhaftigkeit.

In unserer modernen Welt sondern wir uns immer mehr von der Natur ab. Trotzdem sind Vögel allgegenwärtig und zeigen uns, wie gesund unser Planet noch ist.

Die drastische Abnahme des Raubvogelbestandes nach dem 2. Weltkrieg zeigte der Öffentlichkeit in alarmierender Weise, welche Gefahr für die Umwelt von Pestiziden ausgeht. Die in letzter Zeit beobachteten Schwankungen der Vogelpopulationen in bewirtschaftetem Gebiet machen uns zudem auf die Auswirkungen moderner Ackerbaumethoden aufmerksam.

Der beste Grund für die Beobachtung der Vögel ist jedoch ganz einfach Spaß an der Natur. Vögel sind überall zu beobachten, und wir können uns an ihnen erfreuen, wo immer wir uns gerade befinden. Es ist ein Hobby ohne Ende. Jeder kann sich daran beteiligen, die Jüngeren und die Junggebliebenen, und wenn es einen »gepackt« hat, dann betreibt man dieses Hobby eventuell ein ganzes Leben lang.

Hinweise zur Benutzung des Buches

Dieses Buch soll einen kleinen Einstieg in die Vogelkunde geben und Ihnen nahebringen, welche Vögel in Europa, speziell in Mitteleuropa und in Deutschland, heimisch sind. Man sollte es immer mit hinaus in das Gelände nehmen, sei es in der Tasche oder auf dem Armaturenbrett des Wagens. Das Büchlein soll Ihnen eine Hilfe bei der Identifizierung der Vögel sein, denen sie unterwegs begegnen, und Ihnen darüber hinaus noch einige Informationen über sie geben.

Es sind circa 240 Vogelarten beschrieben. Diese wurden ausgewählt, weil sie in Mitteleuropa entweder als Brutvogel erscheinen oder als Zugvögel zum Überwintern hierherkommen. Einige wenige andere Vogelarten sind bei uns nur auf der Durchreise zu Gast.

Es war jedoch nicht ganz einfach zu entscheiden, welcher »Durchreisende« im vorliegenden Buch aufgenommen werden sollte, da viele Vögel regulär auf ihrem Weg zum Brutplatz oder zum Winterquartier bei uns Halt machen, andere aber wiederum einfach nur vom Kurs abkommen und so bei uns stranden. Alles in allem sind jene Vögel hier aufgeführt, die in einigen Jahren recht häufig erscheinen, oder solche, die fast das ganze Jahr, jedoch in geringerer Anzahl, bei uns zu sehen sind.

Die **Fotografien** zeigen die Vögel in dem Gefieder, mit dem man sie am wahrscheinlichsten antrifft, und mit der Verhaltensweise, die für sie am typischsten ist. Viele Raubvögel sind im Flug dargestellt, da man ihnen im Gelände fast gar nicht anders begegnet.

Neben den Fotografien zeigen die **Zeichnungen** die jeweilige Vogelart in entsprechenden anderen möglichen Federkleidern wie beispielsweise Jungvogel, Weibchen oder Männchen und Winter- oder Sommerkleid. Wenn das Foto mit dem, was Sie gerade sehen, nicht ganz übereinstimmt, sollten Sie sich unbedingt auch die Zeichnungen ansehen.

Die Informationen werden für alle Vögel in ähnlicher Weise wie folgt gegeben:

Maßangaben: In Zentimetern (cm). Die Maße werden von Wissenschaftlern am auf dem Rücken liegenden Tier von der Schnabelspitze bis zur Schwanzspitze genommen.

Name: Üblicher deutscher Trivialname.

Wissenschaftlicher Name: Aus dem Lateinischen oder Griechischen entlehnter Name, der weltweit gebraucht wird.

Haupttext: Er gibt eine kurze Einführung über den Vogel, seinen Standort, seine Nahrung, sein Nistverhalten und seine Verbreitung in Europa.

Nebentext: Er informiert über den Vogel auf einen Blick.
Größe: Im Vergleich mit anderen Arten.
Merkmale: Beschreibung der Federkleider von Altvögeln und Jungvögeln sowie deren Flugverhalten.
Schnabel: Die Beschreibung des Schnabels ist oft hilfreich für die Identifizierung und gibt Auskunft über das Freßverhalten des Vogels.
Stimme: Sie erleichtert das Bestimmen des Vogels und macht den Naturfreund aufmerksam.
Ähnliche Arten: Andere Arten, mit denen man unter Umständen den entsprechenden Vogel verwechseln könnte.
Am Kopf jeder Seite sind zudem der deutsche und der wissenschaftliche Name der Familie aufgeführt, zu der der beschriebene Vogel gehört. Die Vogelsilhouetten neben den Familiennamen sollen Ihnen dabei helfen, sich leichter zu orientieren. Man beachte, daß hier verschiedene Vogelfamilien mit der gleichen Silhouette versehen sein können, da sie sich vom optischen Erscheinungsbild her ähneln.
Die Verbreitungskarten: Da die Vögel sehr mobil sind, können sie theoretisch überall auftauchen. Gewöhnlich sind sie jedoch an bestimmte Standorte mit bestimmten Nahrungsangeboten gebunden, so daß sich von ihren möglichen Aufenthaltsorten Karten anfertigen lassen. Die roten Bereiche auf den Karten geben den Brutbereich des Vogels an. Das Gebiet unterhalb oder innerhalb der gestrichelten Linie gibt das Winterquartier der jeweiligen Vogelart an. Dies bedeutet jedoch nicht, daß die Vögel überall innerhalb dieser Grenzen auftreten, sondern nur lokal an denjenigen Stellen, die dem richtigen Standort des Vogels entsprechen. Ist das Winterquartier des Vogels identisch mit seinem Brutgebiet oder verläßt er das Gebiet im Winter vollständig, weist die Karte die gestrichelte Linie nicht auf.
Die Zeitleiste: Sie gibt einen kurzen Überblick, in welchen Monaten man damit rechnen kann, den Vogel zu sehen.

Wissenswertes über die Vögel

Vögel haben zu allen Zeiten die Phantasie der Menschen angeregt. Ihr Flug und ihre Wanderungen, ihre Gesänge, ihre Farben und ihre Verhaltensweisen gehören zu den beeindruckendsten Wundern der Natur. Das entscheidende Merkmal, das die Vögel von allen anderen Tieren unterscheidet, sind die Federn, tote, verhornte Zellen des Epidermis. Nur mit ihrer Hilfe konnten sie aus dem Luftraum einen Lebensraum machen.

Heute gibt es in der Vogelwelt unglaublich leistungsfähige Flieger. So wandert die Küstenseeschwalbe bis zu 32 000 km von ihrem Brutgebiet in der Arktis bis zur Überwinterung in der Antarktis.

Jede Einzelheit ist bei den Vögeln bis ins letzte auf die Flugtüchtigkeit angelegt. So wurden z. B. die schweren Zähne des Urvogels Archeopteryx durch scharfe, aber leichte Hornleisten ersetzt. Die Knochen sind hohl und luftgefüllt, so daß das gesamte Skelett auch schwerer Vögel sehr wenig wiegt.

Der starre Bau des Vogelkörpers bietet den kräftigen Flugmuskeln ein solides Widerlager. Nach unten setzt sich der Knochenkörper in einem massiven Brustbein fort, das – mit Ausnahme von flugunfähigen Arten – einen breiten Kamm trägt, an dem die kräftige Flugmuskulatur ansetzt.

Einmalig ist auch der Bau der Vogellunge. Beim Einatmen strömt die Luft durch die Lunge in besondere Luftsäcke, und beim Ausatmen durchströmt sie die recht starre Lunge ein zweites Mal. Dabei wird die Luft bei den Vögeln besser ausgenutzt als in der elastischen Lunge der Säugetiere.

Die Körpertemperatur der Vögel liegt zwischen 41° C und 43° C – somit eine Temperatur, die wir Menschen nur in Fieberschauern erreichen und nicht lange ertragen können. Der Stoffwechsel der Vögel ist sehr intensiv, das Blut kann sehr viel Sauerstoff transportieren, das Herz ist sehr groß und schlägt 1000mal in der Minute bei diesen warmblütigen Wirbeltieren.

Doch eine Meisterleitung der Natur sind die Vogelfedern. Sie sind extrem leicht, elastisch, verschleißfest und erneuerbar – somit ein vollkommener Wärmeschutz. Mit diesem Federkleid können Vögel extreme Temperaturgegensätze ertragen. So übersteht der Kolkrabe in nordischen Winternächten Temperaturen um minus 40° C ebensogut wie die Gluthitze in der Sahara von plus 40° C im Schatten und plus 70° C in der Sonne.

Wie man Vögel beobachtet

Der große Vorteil der Vogelbeobachtung gegenüber anderen Hobbys ist die einfache Ausrüstung, die man dazu benötigt. Man kann in Gärten und Parks sogar so nahe an den Vogel herankommen, daß man überhaupt keine Sehhilfe benötigt.

Fernglas: Die erste und wichtigste Anschaffung zur Vogelbeobachtung ist das Fernglas, das gar nicht teuer zu sein braucht. Ein guter Rat ist jedoch hier, nicht das billigste zu nehmen. Das Geheimnis ist, verschiedene Gläser auszuprobieren, am besten im Gelände, bis man eines gefunden hat, das angenehm für die Augen und die Tasche ist! Hier seien jedoch einige Tips für den Kauf eines Fernglases aufgeführt: Die leistungsfähigsten Ferngläser sind nicht unbedingt die besten, da sie nur ein kleines Gesichtsfeld haben und das Zittern der Hand und auch Windstöße übertragen. Zur Vogelbeobachtung eignen sich am besten Gläser mit den Daten 7 x 42, 8 x 30 und 10 x 40. (Die erste Zahl ist die Vergrößerung, die zweite gibt den Durchmesser der größeren Linse in Millimetern an.) Man bedenke, daß das um den Hals gehängte Fernglas bei langen Exkursionen mit der Zeit immer schwerer zu werden scheint!

Teleskop: Damit kann der interessierte Vogelbeobachter noch näher an die Vögel herankommen. Für ein Teleskop benötigt man für einen sicheren Stand jedoch ein geeignetes Stativ, so daß man weitere Geräte mit sich tragen muß. Der Beobachter sollte daher das Teleskop so lange zu Hause lassen, bis er mehr Erfahrung gewonnen hat und sich mit vielen der üblichen Vogelarten vertraut gemacht hat.

Welchen Ort sucht man auf?

Standorte in der näheren Umgebung: Der Beginn einer ernsthaften Ornithologie ist es, die Vögel der näheren Umgebung kennenzulernen, was bei der Vogelbeobachtung auch am meisten Spaß macht. Dies kann ein Park, ein See oder ein bewirtschaftetes Gebiet sein. Beobachten Sie die Veränderungen während der Jahreszeiten. Achten Sie auf unterschiedliche Vogelarten, wann Zugvögel ankommen und wieder verschwinden, welche Vögel brüten und welche lediglich zu Gast sind. Dies ist der Beginn einer richtigen Geländeerforschung, und es kann für Naturschützer nützlich sein zu erfahren, ob dieses Gebiet von Veränderungen bedroht ist.

Naturschutzgebiete: Dies sind Orte, die speziell für Vögel und andere Wildtiere angelegt sind. Viele sind für Besucher frei zugänglich. Hier lassen sich sowohl die verbreiteten als auch die weniger üblichen Arten beobachten.
Anschluß an eine Gruppe oder einen Verein: Es gibt viele örtliche und nationale Organisationen, die Exkursionen und Seminare organisieren, bei denen sich eine Menge über Vogelkunde lernen läßt.

Naturschutz

Das Hobby der Vogelbeobachtung nimmt eine neue Dimension an, wenn man die Veränderungen in der näheren Umgebung wahrnimmt. Viele Vögel ziehen sich von Standorten zurück, an denen sie früher häufig waren. Gelegentlich sind wir uns der Ursachen bewußt, beispielsweise das Trockenlegen von Feuchtgebieten oder das Abholzen von Bäumen und Büschen, wo die Vögel einst ihre Nistplätze hatten. Doch meist sind die Gründe unklar, und es sind weitere Untersuchungen nötig, um die Veränderungen verstehen und sie eventuell wieder rückgängig machen zu können.
Vögel haben viele natürliche Feinde wie Räuber, schlechtes Wetter und Nahrungsknappheit – doch ist der Einfluß des Menschen am gewaltigsten.
Sumpf- und Moorgebiete wurden trockengelegt, auf den Höfen werden Chemikalien verwendet, Öl verschmutzt das Meer, Städte und Straßen breiten sich immer weiter in die Landgebiete aus, Bäume werden gepflanzt, wo vorher Moorgebiet war – und so läßt sich der Katalog der Umweltzerstörung immer weiter fortführen.
Vögel sind oft der erste Indikator für einen Einfluß des Menschen auf seine Umwelt. So wurde die Menschheit schon nach dem Ende des 2. Weltkrieges durch die Bestandsabnahme der Wanderfalken und anderer Vögeln vor den gefährlichen Mengen an Chemikalien, die in der Landwirtschaft verwendet werden, gewarnt. In jüngster Zeit sterben durch die Verschmutzung der Meere immer mehr Seevögel.
Es ist in unser aller Interesse, unsere Vogelwelt zu schützen. Eine große Vielfalt an Vögeln bedeutet eine gesunde Umwelt für andere Wildtiere und auch für uns Menschen.

53–69 cm

J	F	M	A	M	J
J	A	S	O	N	D

Sterntaucher

Gavia stellata

Größe:
Wie Stockente

Merkmale:
Im Brutkleid samtgrauer Kopf und Hals, dunkelgrauer Rücken, mattrote Kehle. Im Winterkleid grauweiß, Auge blaß umrandet. Im Flug bucklig und schlankhalsig

Schnabel:
Schlank, spitz, aufgeworfen

Stimme:
Bellende und jammernde Rufe

Ähnliche Arten:
Prachttaucher, Eistaucher, Kormoran

Er brütet an kleinen Süßwasserseen in nordeuropäischen Mooren. Zur Nahrungssuche fliegt er auch ans Meer. Im Winter zieht er an Küstengewässer und fischt beim Tauchen. Das Nest besteht aus aufgehäuften Pflanzenteilen nahe dem Ufer. Die zwei Küken schlüpfen nach 27 Tagen und verlassen das Nest nach einem Tag. Sie werden von beiden Eltern gefüttert und sind nach 43 Tagen flügge.

Brutkleid

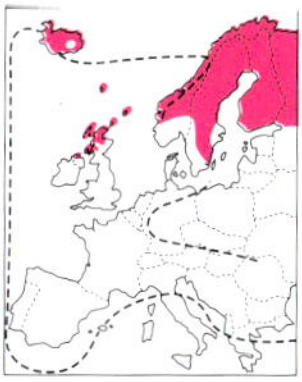

Winterkleid

58–73 cm

J	F	M	A	M	J
J	A	S	O	N	D

Prachttaucher

Gavia arctica

Größe:
Größer als Sterntaucher

Merkmale:
Im Brutkleid grauer Kopf, schwarzer Hals, umrandet von schwarzweißen Streifen, weiße Punkte auf dem Rücken. Im Winterkleid grauweiß, dunkle Haube bis Augenhöhe, blasser Schenkelfleck. Im Flug lang und dünn, längere Beine als der Sterntaucher

Schnabel:
Gerade und spitz

Stimme:
Jammernder Ruf im Frühjahr

Ähnliche Arten:
Sterntaucher, Eistaucher, Kormoran

Dieser Seetaucher brütet an großen Süßwasserseen im offenen Gelände oder im Wald und wandert im Herbst zu südlichen Küstengewässern, selten ins Inland. Zum Fischen kann er bis zu 45 Sekunden unter Wasser bleiben. An die Küste fliegt der Prachttaucher nur zum Nestbau. Das Nest liegt am Boden nahe dem Ufer. Zwei Eier werden 30 Tage bebrütet. Die Jungvögel werden von beiden Eltern umsorgt und sind nach 65 Tagen flügge.

Brutkleid

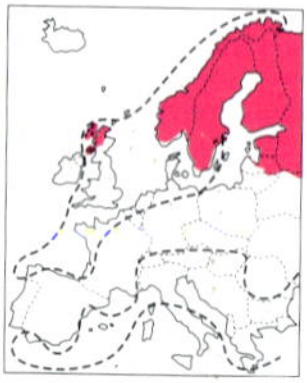

Winterkleid

69–91 cm

J	F	M	A	M	J
J	A	S	O	N	D

Eistaucher

Gavia immer

Größe:
Wie Kormoran

Merkmale:
Im Brutkleid dicker Hals mit weißen Halsbändern, schwarzer Kopf, schwarzweiß karierter Rücken. Im Winterkleid grauweiß. Im Flug gansartig; große Füße hängen hinter dem Schwanz herab

Schnabel:
Stark und dolchartig

Stimme:
Leise im Winter, jammernde Rufe an den Brutstätten

Ähnliche Arten:
Prachttaucher, Kormoran

Diese Seetaucher brüten in der arktischen Tundra Nordamerikas, Islands und Grönlands. Im Sommer leben sie auf großen Seen in Höhe der Tundra und Waldtundra. Sie tauchen in einer Tiefe von 4–10 Metern bis zu einer Minute, ernähren sich vorwiegend von Fischen, aber auch von Schalentieren und Krebsen. Zum Abheben nehmen sie Anlauf auf der Wasseroberfläche. Oft rollen sie sich zur Seite und putzen ihre weißen Bauchfedern.

Brutkleid

Winterkleid

27 cm

J	F	M	A	M	J
J	A	S	O	N	D

Zwergtaucher
Tachybaptus ruficollis

Größe:
Kleiner als Teichhuhn

Merkmale:
Im Brutkleid dunkelbrauner Körper, blassere Unterteile, rötlichbraunes Gesicht und Hals. Im Winterkleid blasser braun und grau. Fliegt nur widerwillig. Im Flug keine weißen Flecken auf den Flügeln. Jungvogel mit braunen Streifen am Kopf

Schnabel:
Kurz und spitz, im Brutkleid mit gelber Wurzel

Stimme:
Lautes Trällern

Ähnliche Arten:
Schwarzhalstaucher

Er brütet an Seen, ruhigen Flüssen und kleinen Teichen in Zentral- und Südeuropa. Gelegentlich zieht er im Frühjahr und Herbst, manchmal bilden die Vögel im Winter Gruppen. Er taucht, wenn er gestört wird, aber auch bei der Suche nach Insekten und Fischen. Der Zwergtaucher baut ein Schwimmnest aus Wasserpflanzen und brütet zweimal im Jahr. Die fünf Küken schlüpfen nach 20 Tagen und sind nach 46 Tagen flügge. Die Jungen reiten oft auf dem Rücken der Alten.

Brutkleid

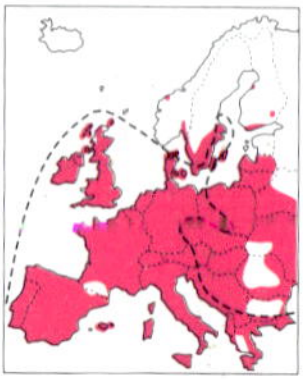

Winterkleid

Pärchen mit einem Jungen mitten auf dem Heiligen See / Potsdam bei Fischfütterung! Schwimmenderweise 21.06.05

46–51 cm

J	F	M	A	M	J
J	A	S	O	N	D

Haubentaucher

Podiceps cristatus

Größe:
Kleiner als Stockente

Merkmale:
Im Brutkleid langer, weißer Hals und weiße Unterteile, brauner Rücken, Federschopf und Ohrbüschel orangebraun. Im Winterkleid grau und weiß. Jungvogel wie Altvogel im Winterkleid mit streifigem Kopf und Hals. Im Flug weiße Flecken auf den Flügeln, Hals geradeaus gehalten, Füße herabhängend

Schnabel:
Dolchartig

Stimme:
Schwach brummend

Ähnliche Arten:
Rothalstaucher

Er brütet an Binnengewässern, kommt im Winter jedoch auch am Meer vor. Haubentaucher tauchen zum Fischen. Er zeigt im Frühjahr ein auffälliges Balzverhalten Aus Wasserpflanzen wird ein Schwimmnest gebaut. Beide Altvögel bebrüten die 3-5 Eier 28 Tage lang. Die Jungen können direkt nach dem Schlüpfen schwimmen. Sie reiten auf dem Rücken der Alten und schützen sich so vor Räubern wie dem Hecht. Nach 71 Tagen sind sie flügge. Haubentaucher brüten ein- oder zweimal im Jahr.

Brutkleid

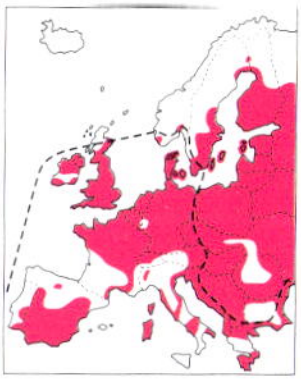

Winterkleid

Rothalstaucher

Podiceps grisegena

40–50 cm

J	F	M	A	M	J
J	A	S	O	N	D

Größe:
Kleiner als Stockente

Merkmale:
Im Brutkleid braun mit rötlichem Hals, weißen Wangen, schwarzem Scheitel. Im Winterkleid grau und weiß, schwarzer Scheitel bis zur Augenhöhe. Im Flug kompakter als Haubentaucher, weiße Flügelflecken

Schnabel:
Spitz, schwarz mit gelber Wurzel

Stimme:
Trällernder Gesang im Frühjahr

Ähnliche Arten:
Haubentaucher, Ohrentaucher

Er brütet im Inland an kleinen und seichten Seen mit Schilf in Teilen Nord- und Osteuropas. Nistet gelegentlich in Möwenkolonien. Nach dem Brüten zieht er nach Süden und Westen in offene Küstengewässer. Rothalstaucher tauchen nach Wasserinsekten und Fischen. Das Schwimmnest ist an Wasserpflanzen befestigt. Die 4-5 Küken schlüpfen nach 20 Tagen. Die Jungen schwimmen nach dem Schlüpfen und sind nach etwa 70 Tagen flügge.

Winterkleid

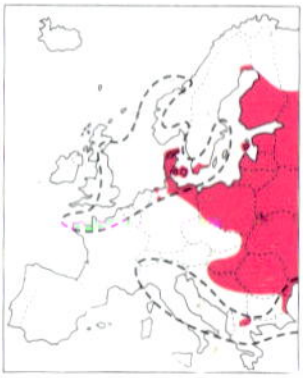

Brutkleid

Winterkleid

31–38 cm

J	F	M	A	M	J
J	A	S	O	N	D

Ohrentaucher

Podiceps auritus

Größe:
Ähnlich dem Teichhuhn

Merkmale:
Im Brutkleid Flanken, Brust und Hals kastanienbraun, schwarzer Kopf mit goldenen Ohrbüscheln. Im Winterkleid schwarz und weiß, schwarzer Scheitel, weiß hinter den Augen. Im Flug Hinterrand der Armschwinge weiß, weißer Keil auf der Schulter

Schnabel:
Klein, spitz, gedrungen

Stimme:
Gellendes Trällern

Ähnliche Arten:
Schwarzhalstaucher, Rothalstaucher

Brütet in geschützten Buchten von Süßwasserseen in Nordeuropa; zieht im Herbst nach Süden und Westen an die Küste und große Binnenseen. Fischt beim Tauchen im Sommer vorwiegend nach Insekten und ihren Larven und im Winter nach kleinen Fischen. Nistet zwischen wasserständigen Pflanzen, gelegentlich in kleinen Kolonien. Die vier Eier werden 24 Tage bebrütet. Die Jungen sind nach 55 Tagen flügge und reiten auf dem Rücken der Alten.

Brutkleid

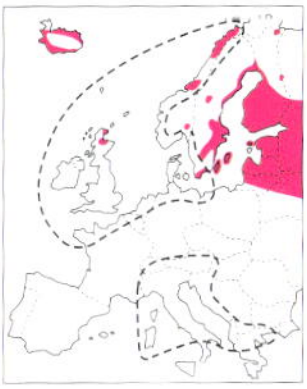

Winterkleid

28–34 cm

J	F	M	A	M	J
J	A	S	O	N	D

Schwarzhalstaucher

Podiceps nigricollis

Größe:
Kleiner als Teichhuhn

Merkmale:
Alle Vögel mit steiler Stirn. Im Brutkleid Kopf, Hals und Oberteile schwarz. Goldene Ohrbüschel. Im Winterkleid schwarz und weiß, Wangen und Hals grauer als beim Ohrentaucher. Im Flug rasche Flügelschläge, Hinterrand der Armschwinge weiß

Schnabel:
Klein, spitz, aufgeworfen

Stimme:
Trällernde und pfeifende Rufe im Frühjahr

Ähnliche Arten:
Ohrentaucher, Zwergtaucher

Brutstätten wechseln häufig: Meist werden kleine Seen mit Schilf und anderer Vegetation aufgesucht. Schwarzhalstaucher nisten auch in Möwenkolonien; sie tauchen nach kleinen Fischen, Insekten und Schalentieren. Im Winter fliegen sie größere Seen und Küsten an. Das schwimmende Nest ist an Wasserpflanzen verankert. 3–4 Eier werden nach 20 Tagen verlassen. Jungvögel schwimmen bald nach dem Schlüpfen und reiten auf dem Elternrücken.

Brutkleid

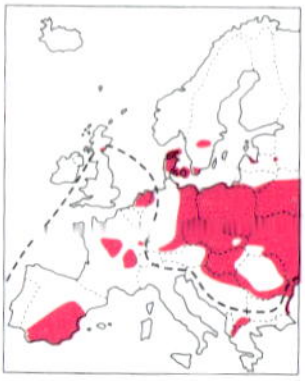

Winterkleid

45–50 cm

J	F	M	A	M	J
J	A	S	O	N	D

Eisssturmvogel

Fulmarus glacialis

Größe:
Kleiner als Silbermöwe

Merkmale:
Alle Vögel weiß, Rücken, Bürzel und Schwanz gräulich, schmutzigdunkles, rundes Auge. Im Flug dickhalsig, steife Schwingen, flache Flügelschläge, gleitet oft über die Wellen

Schnabel:
Kräftig, gedrungen, Röhrennasen

Stimme:
Gackernde Laute am Nistplatz

Ähnliche Arten:
Silbermöwe, Dreizehenmöwe

Er nistet an Klippen und Gebäuden am Meer in Nordwesteuropa. Im Winter ist er im gesamten Nordatlantik beheimatet, oft ist er in der Nähe von Fischerbooten auf Nahrungssuche. An der Wasseroberfläche oder im Sturztauchen holt er sich Krustentiere, Fische und Abfälle. Er brütet nach sechs Jahren, in Mitteleuropa jedoch nur auf Helgoland, und nistet ohne Nistmaterial auf schmalen Felsvorsprüngen. Nach 50 Tagen schlüpft ein Jungvogel.

Altvogel

45–53 cm

J	F	M	A	M	J
J	A	S	O	N	D

Gelbschnabel-Sturmtaucher

Calonectris diomedea

Größe:
Kleiner als Silbermöwe

Merkmale:
Alle Vögel mit braunem Rücken, weißer Unterseite, großem Kopf. Im Flug lange Schwingen. Kräftiger, eleganter Flug, volle, grazile Flügelschläge, tiefe Gleitflüge über dem Wasser

Schnabel:
Kräftig, lang, hell, Hakenschnabel

Stimme:
Leise am Meer, rasselndes Kreischen am Nistplatz

Ähnliche Arten:
Andere Sturmtaucher

Sein Lebensraum ist die Hochsee: Unermüdlich segeln und rudern die Vögel über die Wellen. Sie brüten an fernen Küsten und Inseln. Nachts holen sie sich Fische und Abfälle von der Wasseroberfläche oder in flachen Sturztauchgängen. Sie nisten in Kolonien zwischen Felsbrocken, in einer Höhle am Ende eines Tunnels. Das einzige Ei wird nach 53 Tagen verlassen, die Jungen sind nach 90 Tagen flügge.

Altvogel

Altvogel

Brütet südlich der roten Linie

43–51 cm

J	F	M	A	M	J
J	A	S	O	N	D

Großer Sturmtaucher

Puffinus gravis

Größe:
Größer als Schwarzschnabel-Sturmtaucher

Merkmale:
Alle Vögel mit dunkelbraunem Rücken, weißer Unterseite, dunklem Scheitel, gelegentlich helles Halsband, U-förmiges Zeichen am Bürzel. Im Flug kraftvolle, schnelle Schläge mit steifen, langen Schwingen. Lange Gleitflüge, oft nahe den Wellen

Schnabel:
Lang, dunkel, Hakenschnabel

Stimme:
Gewöhnlich leise

Ähnliche Arten:
Andere Sturmtaucher

Dieser Sturmvogel brütet auf fernen Inseln im Südatlantik, nach dem Nisten zieht er nach Norden. Im Spätsommer führt die Wanderroute an die westeuropäischen Küsten. Die Vögel folgen in Gruppen oft Fischerbooten und können mit Walen vergesellschaftet sein. Sie ernähren sich von Fischen und anderen Meerestieren, die sie an der Oberfläche oder bei kurzen Tauchgängen fangen.

Altvogel

Altvogel

40–51 cm

J	F	M	A	M	J
J	A	S	O	N	D

Dunkler Sturmtaucher

Puffinus griseus

Größe:
Größer als Schwarzschnabel-Sturmtaucher

Merkmale:
Alle Vögel mit ziemlich kleinem Kopf, vollständig rußigbraun, ausgenommen eines weißen Streifens auf der Flügelunterseite. Im Flug sehen die langen Schwingen schmal und nach hinten gebogen aus. Der Flug ist flink mit steifen Schwingen

Schnabel:
Lang, dunkel

Stimme:
Gewöhnlich am Meer leise

Ähnliche Arten:
Schwarzschnabel-Sturmtaucher

Ihre Brutgebiete sind Inseln vor den Küsten Südamerikas, Neuseelands und Australiens. Danach ziehen einige Individuen nordwärts in den Atlantik und erreichen europäische Küstengewässer. Sie ernähren sich von Fischen und anderen Meereslebewesen, insbesondere von Kalmaren. Meist fischen sie an der Wasseroberfläche und unternehmen gelegentlich auch Tauchgänge. Im Nordatlantik bilden sich kleinere Gesellschaften, oder man sieht Einzelgänger.

Altvögel

Altvogel

30–38 cm

J	F	M	A	M	J
J	A	S	O	N	D

Schwarzschnabel-Sturmtaucher

Puffinus puffinus

Größe:
Kleiner als Silbermöwe

Merkmale:
Alle Vögel mit schwarzem Rücken, weißer Unterseite, kleinem Kopf. Im Flug schnelle, steife Flügelschläge. Lange Gleitflüge dicht über den Wellen

Schnabel:
Lang, dunkel, Hakenschnabel

Stimme:
Nachts verschiedene schnarrende und jammernde Rufe

Ähnliche Arten:
Andere Sturmtaucher

Dieser Vogel des offenen Meeres kommt nur zum Nisten an die Küste und dann nur im Dunkeln. Er ernährt sich von Fischen und anderem Meeresgetier, das er an der Oberfläche oder nach Tauchgängen fängt. Die Nester befinden sich in Kaninchen- oder Papageitaucherhöhlen, gewöhnlich in großen Kolonien. Das einzige Küken schlüpft nach 51 Tagen. Die Eltern verlassen den Jungvogel nach 60 Tagen; 8-9 Tage später verläßt er die Höhle.

Altvogel

Altvogel

14–18 cm

J	F	M	A	M	J
J	A	S	O	N	D

Sturmschwalbe

Hydrobates pelagicus

Größe:
Sperlingsgröße

Merkmale:
Alle Vögel schwarz mit weißem Bürzel, oft mit weißem Streifen unter dem Flügel. Im Flug schwacher Flatterflug, wobei die Füße herabbaumeln

Schnabel:
Klein, schwarz, hakenförmig

Stimme:
Den schnurrenden Ruf hört man nur am Nest

Ähnliche Arten:
Wellenläufer

Sie ernährt sich auf dem Meer von kleinen Meereslebewesen und Fischen, die sie auf der Wasseroberfläche fängt. Sturmschwalben fischen oft im Kielwasser von Schiffen. Sie nisten in Kolonien nahe dem Meer in Felsspalten auf felsigen Inseln und kommen nur während der Brutzeit nachts an Land. Das einzige Ei wird nach 40 Tagen verlassen. Das Junge wird 50 Tage gefüttert und fliegt dann aufs offene Meer. Sie überwintert an der Küste Afrikas.

Altvogel

Altvogel, von oben

Altvogel, von unten

19–22 cm

J	F	M	A	M	J
J	A	S	O	N	D

Wellenläufer

Oceanodroma leucorhoa

Größe:
Größer als Sturmschwalbe

Merkmale:
Alle Vögel schwarz mit einer dunklen Mittellinie im weißen Bürzel. Schwanz leicht gegabelt, helle Streifen auf den Flügeloberseiten. Im Flug ruckartig oder tanzend mit andauerndem Wechsel von Geschwindigkeit und Richtung. Längere Schwingen als Sturmschwalbe

Schnabel:
Klein, dunkel, hakenförmig

Stimme:
Schnurrender Ruf am Nest

Ähnliche Arten:
Sturmschwalbe

Er brütet auf fernen Felseninseln und zieht im Winter in die Tropen und Subtropen. An der Meeresoberfläche holt er sich Meerestiere. Während der Brutzeit fliegt er nachts an Land. Im Frühherbst kommen viele Tiere vom Kurs ab, man sieht sie dann an westlichen Küsten und im Landesinnern. Die Nester werden auf Inseln in Tunneln angelegt und sind Teil einer großen Kolonie. Das einzige Ei wird 41 Tage bebrütet, das Junge ist nach 70 Tagen flügge.

Altvogel

Altvogel, von oben

Altvogel, von unten

87–100 cm

J	F	M	A	M	J
J	A	S	O	N	D

Baßtölpel

Sula bassana

Größe:
Größer als Möwen

Merkmale:
Altvogel weiß, schwarze Flügelspitzen, gelbe Kopffärbung. Jungvogel grau, nach 5 Jahren allmählich weiß werdend.
Im Flug zigarrenförmig mit langen, schmalen Schwingen mit schwarzer Spitze

Schnabel:
Dolchartig

Stimme:
Gewöhnlich schweigsam, schnarrender Ruf am Nistplatz

Ähnliche Arten:
Skuas, Möwen, Seeschwalben

Die Vögel der offenen See brüten auf kleinen Inseln vor den Küsten Nordwesteuropas. Sie entfernen sich nach dem Nisten im Winter vom Land zur See. Die Jungen ziehen nach Süden bis nach Westafrika. Tölpel fangen Fische im Stoßtauchen aus 25 m Höhe. Sie nisten in großen, lärmigen Kolonien. Das Nest besteht aus aufgehäuftem Seetang. Das einzige Ei wird 44 Tage bebrütet. Das Junge ist nach 90 Tagen flügge.

Altvögel in der Brutkolonie

80–100 cm

J	F	M	A	M	J
J	A	S	O	N	D

Kormoran

Phalacrocorax carbo

Größe:
Wie eine große Gans

Merkmale:
Brutkleid schwarz, heller Hals, weiß am Hinterkopf und an den Schenkeln. Schlichtkleid schwarz, heller Hals. Jungvogel mit dunkelbrauner Oberseite, hellerer Unterseite, wird in den ersten 2 Jahren dunkler. Im Flug gansartig, mit langsamen, kräftigen Schlägen, wobei der Nacken nach vorn gehalten wird

Schnabel:
Lang, kräftig, hakenförmig

Stimme:
Tiefe, gutturale Rufe beim Nisten

Ähnliche Arten:
Krähenscharbe, Seetaucher

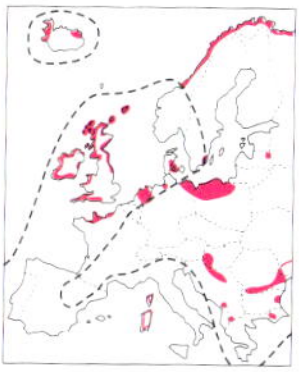

Der Kormoran breitet im Stand häufig seine Schwingen zum Trocknen aus. Überwiegend lebt er an Küsten, doch findet man ihn gelegentlich weitab vom Meer in Flußtälern und an Seen. Er taucht zum Fischen. Die Vögel nisten auf Felsvorsprüngen oder seltener in Bäumen. Das Nest besteht aus Zweigen und Seetang. Die 3–4 Eier werden 30 Tage bebrütet. Die Jungen verlassen das Nest nach 50 Tagen.

Nichtbrütender Altvogel

Jungvogel

Noch nicht geschlechtsreifer Vogel

65–80 cm

J	F	M	A	M	J
J	A	S	O	N	D

Krähenscharbe

Phalacrocorax aristotelis

Größe:
Kleiner und schlanker als Kormoran

Merkmale:
Altvogel dunkelgrünlichschwarz, mit vorwärts gerolltem Schopf beim Brüten. Jungvogel braun mit hellerer Unterseite. Im Flug dicht über dem Wasser, Hals ausgestreckt, rasche Flügelschläge

Schnabel:
Schwarz mit gelber Wurzel, filigraner als beim Kormoran

Stimme:
Schnalzen und Grunzen am Nest

Ähnliche Arten:
Kormoran

Dieser Seevogel lebt bevorzugt an felsigen Küsten und kommt kaum ins Binnenland. Er taucht zum Fischen. Krähenscharben nisten in ausreichendem Abstand voneinander in Kolonien auf Klippen oder in Höhlen. Das Nest besteht aus angehäuften Pflanzenteilen. Die 1–6 Eier werden 30 Tage lang bebrütet. Die Jungen verlassen das Nest nach 53 Tage, werden jedoch von den Eltern weitere 50 Tage umsorgt.

Jungvogel

Altvogel

Noch nicht geschlechtsreifer Vogel

70–80 cm

J	F	M	A	M	J
J	A	S	O	N	D

Rohrdommel

Botaurus stellaris

Größe:
Kleiner als Graureiher

Merkmale:
Alle Vögel stämmig, kräftiger Hals, goldbraun mit schwarzen Streifen und schwarzem Schopf. Im Flug breite, gerundete Schwingen, Hals nach oben gebogen, Füße nach hinten gestreckt

Schnabel:
Lang und dolchartig

Stimme:
Dumpfes, nebelhornähnliches Blasen der Männchen im Frühjahr

Ähnliche Arten:
Graureiher

Sie lebt zurückgezogen und einzelgängerisch im Schutz dichter Schilfgürtel. Sie ernährt sich von Fischen, meist Aalen, aber auch von anderen Tieren, z. B. kleinen Vögeln. Einige im Norden vorkommende Rohrdommeln ziehen im Herbst nach Süden. Das Nest besteht aus angehäuften Schilfstengeln. 4–6 Eier werden 25 Tage bebrütet; die Jungen verlassen das Nest nach 15 Tagen und sind nach 50 Tagen flügge.

Altvogel

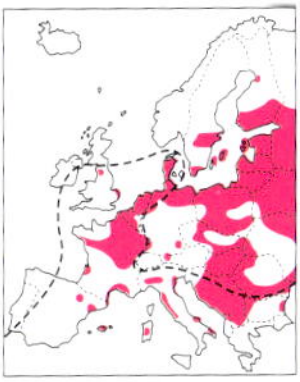

Altvogel

55–65 cm

J	F	M	A	M	J
J	A	S	O	N	D

Seidenreiher

Egretta garzetta

Größe:
Kleiner als Graureiher

Merkmale:
Alle Vögel weiß, schwarze Beine, gelbe Füße.
Im Flug abgerundete Schwingen, gemächlicher Schlag, Kopf zu den Schultern gebogen, Füße ragen hinter dem Schwanz hervor

Schnabel:
Lang, spitz, schwarz

Stimme:
Meist schweigsam

Ähnliche Arten:
Keine im Gebiet

Dieser kleine, weiße Reiher lebt am Rand von Seen, langsam fließenden Flüssen und Flußmündungen. Er ernährt sich von Fischen und Insekten. Nach dem Nisten sammeln sich die Jungen und Alten am Brutplatz, bevor sie ziehen. Einige bleiben im mediterranen Raum, die meisten fliegen nach Zentralafrika. Sie nisten in Kolonien, legen 3–5 Eier, die 21 Tage bebrütet werden. Die Jungen verlassen das Nest nach 30 Tagen und sind nach 40 Tagen flügge.

Altvogel

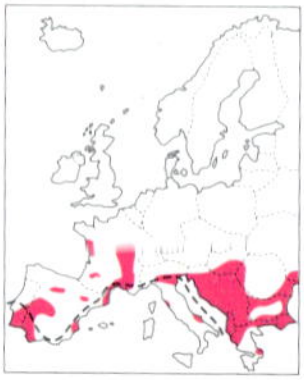

Altvogel

90–98 cm

J	F	M	A	M	J
J	A	S	O	N	D

Graureiher

Ardea cinerea

Größe:
Groß, langer Hals, lange Beine

Merkmale:
Altvogel grauweiß mit dünnem, schwarzem Federschopf. Jungvogel grauer als Altvogel, ohne Schopf. Im Flug langsame, kräftige Schläge. Hals ist zu den Schultern gezogen, die Füße ragen hinter den Schwanz

Schnabel:
Lang, dolchartig

Stimme:
Lautes Krächzen

Ähnliche Arten:
Keine im Gebiet

Der Graureiher ist in Europa die häufigste Reiherart. Er ernährt sich von Fischen, Amphibien und kleinen Säugetieren. Wenn er auf Beute lauernd still am Wasserrand oder auf einem Feld steht, ist er trotz seiner Größe leicht zu übersehen. Er brütet kolonienweise in den Kronen hoher Bäume. Im Nest, einer großen Plattform aus Ästen, werden 3–5 Eier 25 Tage lang bebrütet. Die Jungvögel des Graureihers sind nach 50 Tagen flügge.

Altvogel

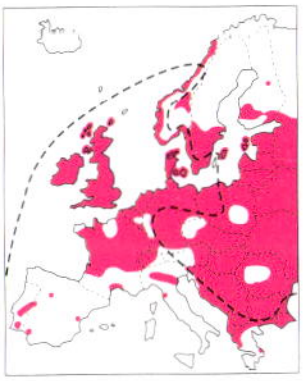

Noch nicht geschlechtsreifer Vogel

Altvogel

80–90 cm

J	F	M	A	M	J
J	A	S	O	N	D

Löffler

Platalea leucorodia

Größe:
Kleiner als Graureiher

Merkmale:
Altvogel mit gelbweißem, kurzem Schopf und gelbem Brustband während der Brutzeit. Jungvogel mit schwarzen Flügelspitzen, ohne Schopf und Brutband. Im Flug steht Hals geradeaus vor, Beine nach hinten gestreckt

Schnabel:
Lang und löffelartig

Stimme:
Gewöhnlich stumm. Klappert im Nest gelegentlich mit Schnabel

Ähnliche Arten:
Keine im Gebiet

Der Löffler lebt an Küstenlagunen, Flußmündungen und flachen Seen, vorwiegend in Südosteuropa. Er ernährt sich von kleinen Fischen, Insekten und kleinen Wasserlebewesen, die er mit pendelnden Bewegungen seines Schnabels aufwirbelt. Er brütet in Kolonien im Schilf, auf kleinen Bäumen oder Büschen. Das Nest besteht aus aufgehäuftem Schilf und Ästen. 3–4 Eier werden 24 Tage bebrütet. Jungvögel sind nach etwa 24 Tagen flügge.

Altvogel

100–115 cm

J	F	M	A	M	J
J	A	S	O	N	D

Weißstorch

Ciconia ciconia

Größe:
Viel größer als Graureiher

Merkmale:
Männchen und Weibchen schwarzweiß, langer Hals, lange, rote Beine. Im Flug Hals nach vorn gestreckt, die langen Beine ragen hinter den Schwanz, schwarze Schwungfedern

Schnabel:
Lang und rot

Stimme:
Gewöhnlich schweigsam, klappert laut mit dem Schnabel

Ähnliche Arten:
Löffler

Nach seiner Überwinterung in Afrika zieht der Weißstorch über Gibraltar und das östliche Mittelmeer nach Europa zurück. Er bewohnt in vielen Teilen Europas Feuchtgebiete, ist aber durch Trockenlegung dieser Gebiete und durch Umweltgifte stark zurückgedrängt worden. Er ernährt sich von Fröschen, Fischen und kleinen Säugetieren und brütet in großen Reisignestern auf Hausdächern, Masten oder Bäumen.

Altvogel und Junges

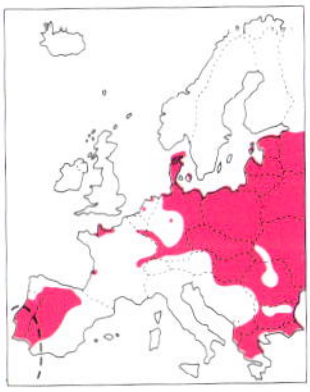

Altvogel

145–160 cm

J	F	M	A	M	J
J	A	S	O	N	D

Höckerschwan

Cygnus olor

Größe:
Sehr groß und langhalsig

Merkmale:
Männchen vollständig weiß mit großem, schwarzem Höcker auf der Schnabelwurzel. Weibchen mit kleinerem Höcker. Noch nicht geschlechtsreifer Vogel graubraun, wird mit zunehmendem Alter weißer. Im Flug ragt Hals nach vorn. Die Flügel machen ein pfeifendes Geräusch

Schnabel:
Orangerot mit schwarzem Höcker

Stimme:
Schnarchend und fauchend

Ähnliche Arten:
Singschwan

Der Höckerschwan ist an den Seen und langsam fließenden Flüssen Nordwesteuropas heimisch. Er ernährt sich von Wasserpflanzen, die er vom Boden flacher Gewässer abgrast. Die im allgemeinen seßhaften Paare nisten einzeln in einem großen Nest aus Binsen und Schilf. Die 5–8 Eier werden 36 Tage bebrütet. Die Jungvögel schwimmen recht bald nach dem Schlüpfen, sie reiten jedoch zunächst auf dem Rücken der Alten.

Altvogel

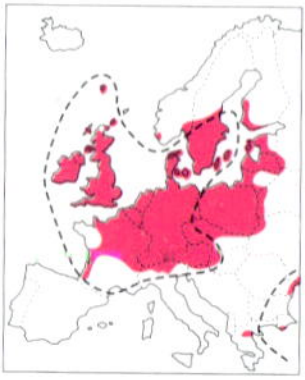

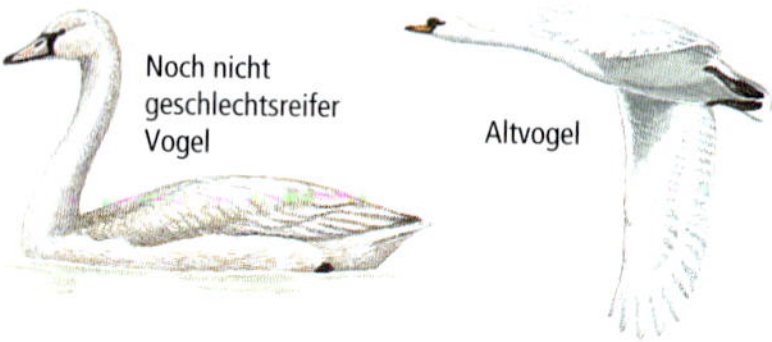

145–160 cm

J	F	M	A	M	J
J	A	S	O	N	D

Singschwan

Cygnus cygnus

Größe:
Wie Höckerschwan

Merkmale:
Altvogel weiß mit rostfarbener Färbung am Hals. Halsansatz ruht oft auf dem Rücken. Im Flug ragt Hals nach vorn. Jungvogel braun und rosa, mit schwarzem Schnabel

Schnabel:
Schwarz mit gelbem Keil

Stimme:
Lauter, trompetender Ruf

Ähnliche Arten:
Höckerschwan

Der Singschwan lebt von verschiedenen Wasserpflanzen, weidet aber auch auf Strandwiesen und Feldern. Die Familien bleiben zusammen. An nahrungsreichen Orten bilden sich große Gruppen. Er brütet in Island und anderen Teilen Nordeuropas an Moorseen, Flüssen und geschützten Flußmündungen. Das große Nest besteht aus aufgehäuften Pflanzenteilen. 3–5 Jungvögel schlüpfen nach 35 Tagen.

Altvogel

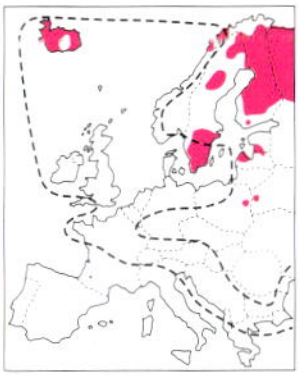

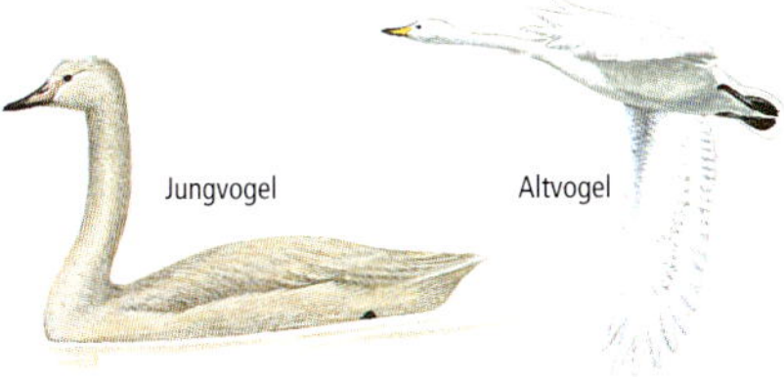

66–84 cm

J	F	M	A	M	J
J	A	S	O	N	D

Saatgans

Anser fabalis

Größe:
Etwas kleiner als Graugans

Merkmale:
Altvogel schlanker als Graugans. Meist braun, langer, dunkler Hals, dunkler Kopf. Schwanzunterseite an der Basis weiß, orange Beine. Jungvogel blasser, mit hellerem Schnabel. Im Flug langer, dunkler Hals, dunklere Schwingen als Graugans

Schnabel:
Orangegelb und schwarz, variabel gemustert

Stimme:
Gedämpftes Schnattern

Ähnliche Arten:
Graugans, Kurzschnabelgans, Bläßgans

Die Saatgans brütet in der Tundra oder Taiga in Mooren und Flußmündungen. In noch nördlicheren Gebieten nisten einige Vögel sogar in dichten Nadel- oder Birkenwäldern. Sie ernährt sich von Gräsern, Samen, Wurzeln und Beeren. Die Familien bleiben fast den ganzen Winter zusammen. In vielen Teilen Europas sind Saatgänse Winterzugvögel. Sie rasten in kleinen Gruppen auf offenen Äckern, besuchen aber auch Flußtäler und Küstensümpfe.

Altvogel

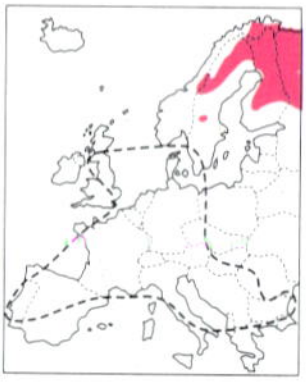

60–75 cm

J	F	M	A	M	J
J	A	S	O	N	D

Kurzschnabelgans

Anser brachyrhynchus

Größe:
Kleiner als Graugans

Merkmale:
Altvogel mittelgroß, rosabeige mit recht kurzem, dunklem Hals und rundem Kopf. Jungvogel dunkler und stärker gesprenkelt. Im Flug schneller und anmutiger als Graugans, kürzerer Hals und hellere Vorderschwingen

Schnabel:
Variables rosa und schwarzes Muster

Stimme:
Weiches »Uink, Uink«

Ähnliche Arten:
Graugans, Saatgans, Bläßgans

Diese Gans brütet nur in entlegenen Gebieten von Zentralisland, in Ostgrönland und auf Spitzbergen. Im mitteleuropäischen Binnenland ist sie dagegen eine seltene Ausnahme. Sie ernährt sich von Pflanzenteilen, die über und unter der Erde wachsen. Im Winter bleiben die Vögel in großen Kolonien an der Nordsee. Die Jungvögel ziehen mit ihren Eltern und bleiben im ersten Winter sowie während des Rückflugs bei ihnen.

Altvogel

65–78 cm

J	F	M	A	M	J
J	A	S	O	N	D

Bläßgans

Anser albifrons

Größe:
Kleiner als Graugans

Merkmale:
Altvogel mit tiefliegender Brust und kantigem Kopf. Graubraun, weiße Stirn, schwarze Streifen auf dem Bauch. Jungvogel nicht weiß im Gesicht und ohne schwarze Streifen auf dem Bauch. Im Flug langflügeliger und kurzhalsiger als Graugans, oft sehr flink

Schnabel:
Orange oder rosa

Stimme:
Heller und gellender als bei anderen Gänsen

Ähnliche Arten:
Saatgans, Kurzschnabelgans, Graugans

Im Winter ist sie die häufigste Gans Europas. Sie brütet in der arktischen Tundra und zieht im Herbst. Die meisten europäischen Zugvögel kommen aus der russischen Arktis, einige aus Grönland kommende überwintern auf den Britischen Inseln, insbesondere auf Irland. Die Bläßgans ernährt sich von Blättern, Wurzeln und Samen. Die Jungvögel bleiben im ersten Herbst und Winter bei den Eltern.

Altvogel

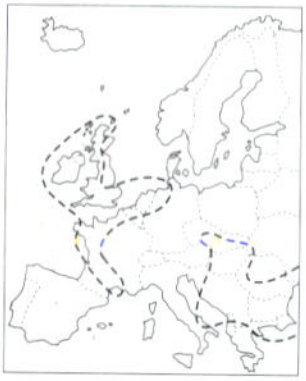

Jungvogel

Altvogel

75–90 cm

J	F	M	A	M	J
J	A	S	O	N	D

Graugans
Anser anser

Größe:
Größte braune Gans

Merkmale:
Alle Vögel braun mit dickem, blassem Hals und großem blassem Kopf. Macht im Flug einen massigen Eindruck mit großem Kopf, dickem Hals und silbergrauem Feld auf den Oberflügeln

Schnabel:
Kräftig, dreieckig. Bei Vögeln im Westen orange, bei denen im Osten rosa

Stimme:
Laute, klangvolle Schreie

Ähnliche Arten:
Saatgans, Kurzschnabelgans, Bläßgans

Die Graugans ist der Vorfahr vieler gezähmter Gänse. Sie brütet in nord- und osteuropäischen Feuchtgebieten, auf ungestörten Inseln und Halbinseln am Meer oder an Binnenseen. In Mitteleuropa ist sie an vielen Stellen in Parklandschaften ausgesetzt worden. 4–5 Junge schlüpfen nach 27 Tagen und sind nach 50 Tagen flügge. Jungvögel bleiben im ersten Herbst und Winter noch bei ihren Eltern.

Altvogel

Jungvogel

Altvogel

58–70 cm

J	F	M	A	M	J
J	A	S	O	N	D

Weißwangengans

Branta leucopsis

Größe:
Kleiner als Kanadagans

Merkmale:
Schwarz und grau mit weißem Gesicht und gestreiftem Rücken. Jungvogel ähnlich dem Altvogel, jedoch schlanker mit einigen braunen Federn und schwarzem Augenstreif. Sieht im Flug schwarzweiß aus, mit länglichem Hals und recht spitzen Schwingen

Schnabel:
Klein und schwarz

Stimme:
Hundeartiges Jaulen

Ähnliche Arten:
Kanadagans, Ringelgans

Die Weißwangengans brütet in der Arktis auf steilen Felsen, Gipfeln oder kleinen Hügeln. Sie brütet nur auf Spitzbergen, Novaja Semlja und Teilen Ostgrönlands. Unterschiedliche Zugrouten führen sie in den Süden. Die Vögel aus Novaja Semlja ziehen über Nordwesteuropa in die Niederlande, die übrigen erreichen Irland und Großbritannien. Weißwangengänse ernähren sich vor allem von Gräsern, aber auch von anderen Pflanzen.

Altvogel

Jungvogel

Altvogel

51–61 cm

J	F	M	A	M	J
J	A	S	O	N	D

Ringelgans

Branta bernicla

Größe:
Kleine, stockentenähnliche Gans

Merkmale:
Altvogel mit kleinem, schwarzem Kopf, weißem Halsfleck und dunkelbraunem Rumpf. In Sibirien dunkelbäuchig, in Grönland hellbäuchig. Jungvogel wie Altvogel, ohne Halsfleck und stärker gestreiftem Rücken. Im Flug schnell mit recht spitzen Flügeln und kurzem Hals

Schnabel:
Kurz und schwarz

Stimme:
Im Schwarm murmelnde, brummende Rufe

Ähnliche Arten:
Weißwangengans

Sie brütet in der flachen arktischen Tundra, vorwiegend in zwei Populationen, eine in Sibirien und eine auf Grönland. Das Brüten muß innerhalb von 100 Tagen vor dem Schnee- und Eiseinbruch erfolgen. Sie ernährt sich vorwiegend von Seegras und Pflanzen in Flußmündungen, weidet auch auf Feldern nahe dem Meer. Ringelgänse fliegen in großen Formationen; ihr Flug ist nicht so geordnet wie bei anderen Gänsen.

Dunkelbäuchiger Altvogel

Dunkelbäuchiger Jungvogel

Altvogel

56–110 cm

J	F	M	A	M	J
J	A	S	O	N	D

Kanadagans

Branta canadensis

Größe:
Größte Gans Europas, die Größe variiert bei unterschiedlichen Rassen

Merkmale:
Alle Vögel mit braunem Rumpf, schwarzem Hals und Kopf, weißem Kinn. Im Flug schnell mit starken, regelmäßigen Flügelschlägen

Schnabel:
Groß und schwarz

Stimme:
Lauter, durchdringender Schrei

Ähnliche Arten:
Weißwangengans, Ringelgans

Die Kanadagans ist zwar in ganz Nordamerika beheimatet, aber inzwischen ist sie an vielen Stellen Europas eingebürgert. Sie lebt bevorzugt an flachgelegenen Seen und ernährt sich dort von Pflanzen. Das Nest wird nahe am Wasser angelegt und besteht aus aufgehäuften Gräsern und Blättern. Die 5–6 Eier werden nach 28 Tagen verlassen. Die Jungvögel sind nach 40 Tagen flügge.

Altvogel

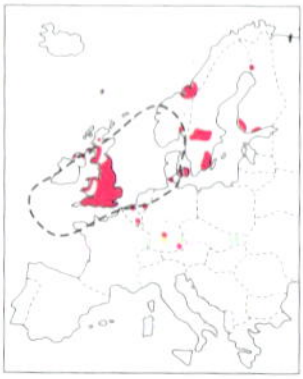

63–73 cm

J	F	M	A	M	J
J	A	S	O	N	D

Nilgans

Alopochen aegyptiacus

Größe:
Größer als Brandgans

Merkmale:
Altvogel mit langem Hals und langen Beinen. Graubraun mit dunklerem Rücken. Auge von dunklem Fleck umrahmt, dunkler Punkt auf der Brust. Jungvogel mit dunklerem Kopf. Ohne Augen- und Brustfleck. Im Flug große, weiße Flügelflecken

Schnabel:
Sieht schwer aus, rosa und schwarz

Stimme:
Heiseres Keuchen und lauteres Trompeten

Ähnliche Arten:
Graugans, Brandgans

Diese aus Afrika stammende Gans ist in England, den Niederlanden und vereinzelt auch in Deutschland eingebürgert worden. Sie lebt vorwiegend von Blättern, Gras und Samen. Ihr Nest baut sie in Parks und an Seen. Die 8–9 Jungen schlüpfen nach 28 Tagen und ernähren sich selbst. Sie werden von beiden Eltern umsorgt.

Altvogel

58–67 cm

J	F	M	A	M	J
J	A	S	O	N	D

Brandgans

Tadorna tadorna

Größe:
Größer als Stockente

Merkmale:
Altvogel schwarz und weiß mit dunkelgrünem Kopf und orangem Brustband. Jungvogel: graubraune Oberseite, weiße Unterseite, helles Gesicht. Im Flug schwarz und weiß, gansartig

Schnabel:
Rot, beim Männchen mit großem Höcker an der Wurzel

Stimme:
Laut gackernd »Ga-ga-ga-ga-gak«

Ähnliche Arten:
Löffelente, Eiderente, Gänsesäger, Mittelsäger

Die Brandgans ist vorwiegend an der Küste zu Hause. Die meisten leben an Flußmündungen und schlammigen Stränden. Sie ernährt sich von kleineren Wasserlebewesen, die sie aus dem Schlamm filtert, und brütet in Höhlen wie Kaninchenbauten, sogar in alten Hundehütten. Die Jungvögel schlüpfen nach 29 Tagen aus den 8–9 Eiern. Die Altvögel verlassen den Brutplatz im Juni/Juli und sammeln sich im Wattenmeer zur Mauser.

Männchen

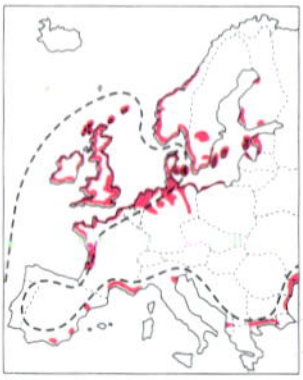

41–49 cm

J	F	M	A	M	J
J	A	S	O	N	D

Mandarinente

Aix galericulata

Größe:
Kleiner als Stockente

Merkmale:
Männchen auffällig, mit Schopf, großem, weißem Augenstreifen, vielfarbigem Gefieder, orangen Halsfedern und »Segeln« auf dem Rücken. Weibchen graubraun mit gepunkteten Seiten und heller, brillenförmiger Augenzeichnung. Schlichtkleid von Mai bis September. Im Flug klein und beweglich, heller Bauch

Schnabel:
Rot beim Männchen, purpurn beim Weibchen

Stimme:
Schweigsam, Pfeifen und Schnauben bei der Balz

Ähnliche Arten:
Unverwechselbar

Sie stammt aus Ostasien und ist mittlerweile auch in Europa an vielen Stellen zu finden, z.B. an Seen, wo hohe Bäume im Sommer Insekten und im Herbst Nüsse zu bieten haben. Sie brütet in Baumhöhlen an Waldseen. 9–12 Junge schlüpfen nach 28 Tagen und sind nach 40 Tagen flügge. Das Männchen bleibt den Sommer über bei der Familie. Europäische Vögel sind standorttreu und ziehen nicht wie ihre asiatischen Artgenossen.

Männchen

45–51 cm

J	F	M	A	M	J
J	A	S	O	N	D

Pfeifente

Anas penelope

Größe:
Kleiner als Stockente

Merkmale:
Männchen brauner Kopf mit gelber Haube. Grauer Rumpf, hellrosa Brust, weiße Flügelfelder. Weibchen braun gesprenkelt, runde Haube. Schlichtkleid von Juni bis Oktober, Männchen wie Weibchen mit Flügelfeldern. Jungvogel-Männchen im ersten Winter ohne Flügelfeld. Im Flug heller Bauch, lang gestreckt, schlanke Schwingen

Schnabel:
Ziemlich klein

Stimme:
Lautes und melodisches »Wiiju«

Ähnliche Arten:
Tafelente, Krickente, Schnatterente, Stockente

Die Pfeifente ist ein Wintergast in fast ganz Europa, meist in den Küstenregionen. Sie folgt Flußläufen bis hin zu Binnenseen oder überschwemmten Wiesen. Ihre Nahrung besteht aus Blättern, Grashalmen und Samen. Besonders gern grast sie auf Wiesen. Sie brütet an nordeuropäischen Seen, die von Mooren und Wiesen umgeben sind. Die 8–9 Jungen schlüpfen nach 24 Tagen.

Männchen

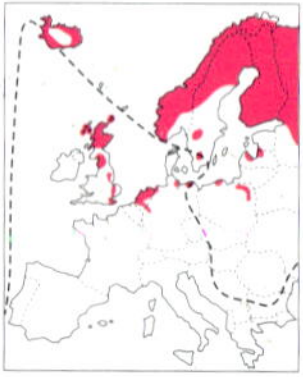

46–56 cm

J	F	M	A	M	J
J	A	S	O	N	D

Schnatterente

Anas strepera

Größe:
Kleiner als Stockente

Merkmale:
Männchen fein gemaserter grauer Rumpf, schwarzer Schwanz. Weibchen stockentenähnlich, aber graziler, weißer Flügelfleck. Schlichtkleid von Mai bis September, Männchen ähnlich Weibchen, aber etwas grauer. Im Flug weißes Flügelfeld bei Weibchen und Männchen

Schnabel:
Beim Männchen grau, beim Weibchen mit orangem Rand

Stimme:
Männchen mit schnarrendem Quaken, Weibchen mit leisem »Quak«

Ähnliche Arten:
Stockente, Spießente, Tafelente

Diese feingezeichnete Schnatterente brütet in vielen vereinzelten Gebieten Europas. Sie ernährt sich vorwiegend von Wasserpflanzen. Das Nest wird an flachgelegenen Seen mit üppiger Vegetation gebaut. Im Winter zieht sie zu größeren Seen. Zugvögel aus dem Nordosten schließen sich oft an. Die 8–12 Jungen schlüpfen nach 24 Tagen und werden vom Weibchen umsorgt. Sie ernähren sich aber selbst.

Männchen

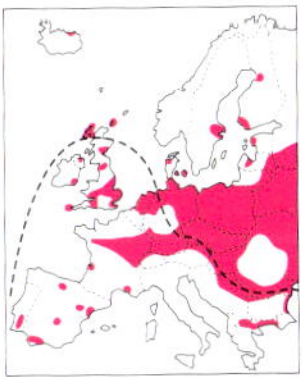

34–38 cm

J	F	M	A	M	J
J	A	S	O	N	D

Krickente

Anas crecca

Größe:
Kleiner als Stockente

Merkmale:
Männchen mit braungrünem Kopf, weiße Streifen über grauem Rumpf, gelber Fleck an Schwanzunterseite. Weibchen wie kleines Stockenten-Weibchen mit grünem Spiegel. Schlichtkleid von Juni bis September. Im Flug schnell, oft tanzend

Schnabel:
Klein und grau

Stimme:
Männchen ruft »Krick« wie eine Grille, Weibchen mit nasalem Quaken

Ähnliche Arten:
Knäkente

Die kleinste europäische Ente brütet in Feuchtgebieten in Nordeuropa und an einigen südlichen Standorten. Ihre Nahrung besteht aus Samen und kleinem Getier, das sie aus dem Wasser oder dem weichen Schlamm filtert. Sie brütet verborgen an Moor- und Waldseen oder anderen, von Vegetation umschlossenen Gewässern. Die Eiablage erfolgt Mitte April. Die 8–11 Jungen schlüpfen nach 21 Tagen und sind nach 25 Tagen flügge.

Männchen

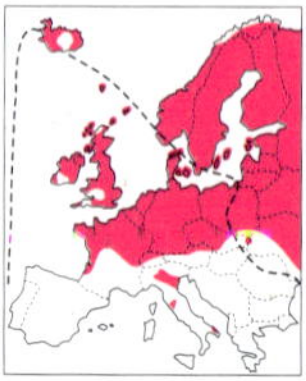

Weibchen

Weibchen

Männchen

50–65 cm

J	F	M	A	M	J
J	A	S	O	N	D

Stockente

Anas platyrhynchos

Größe:
Größte Ente

Merkmale:
Männchen: grüner Kopf, grauer Rumpf, purpurbraune Brust. Weibchen braun gesprenkelt. Schlichtkleid von Juli bis September, Männchen wie Weibchen mit dunkler Haube und gelbem Schnabel. Im Flug blauer Spiegel

Schnabel:
Groß, beim Männchen gelb, beim Weibchen hornfarben

Stimme:
Weibchen lautes Quaken, Männchen leiser, nasaler Ruf

Ähnliche Arten:
Andere Enten

Diese weltweit häufigste und am weitesten verbreitete Ente lebt an fast allen Gewässern und ist an Parkteichen meist zahm. Ihre Nahrung ist vielfältig und besteht aus Insekten, kleinen Wasserlebewesen, Pflanzen, Samen und Früchten. Sie baut ihr Nest verborgen am Boden, oft auch hoch oben in den Bäumen. Die Eiablage beginnt im März, die 9–13 Jungen schlüpfen nach 27 Tagen, und sie sind nach 50 Tagen flügge.

Männchen

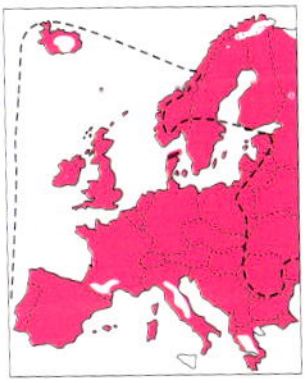

51–66 cm

J	F	M	A	M	J
J	A	S	O	N	D

Spießente

Anas acuta

Größe:
Stockentenähnlich mit größerem Hals

Merkmale:
Männchen: grauer Rumpf, langer, spitzer Schwanz, cremefarbene Brust und brauner Kopf mit weißen Halsstreifen. Weibchen wie Stockente, jedoch grauer, mit längerem Hals. Schlichtkleid von Juli bis Oktober Männchen wie Weibchen mit dunklerer Oberseite. Im Flug langer Hals und Schwanz

Schnabel:
Grau

Stimme:
Wie Stockente, jedoch leiser

Ähnliche Arten:
Andere Gründelenten

Die elegante, langgestreckte Ente brütet in der Nähe von freistehenden Gewässern in Nord- und Osteuropa. Sie zieht im Herbst nach Süden und Westen hauptsächlich zu feuchten Küstengebieten und Flußmündungen. Die Nahrung stellt eine Vielzahl von Pflanzen und Tieren. Das Nest wird manchmal kilometerweit vom Wasser entfernt unter Gräsern und Binsen angelegt. 7–9 Junge schlüpfen nach 22 Tagen; sie ernähren sich selbst.

Männchen

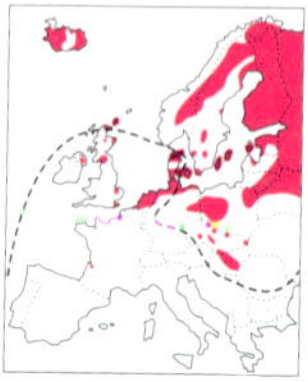

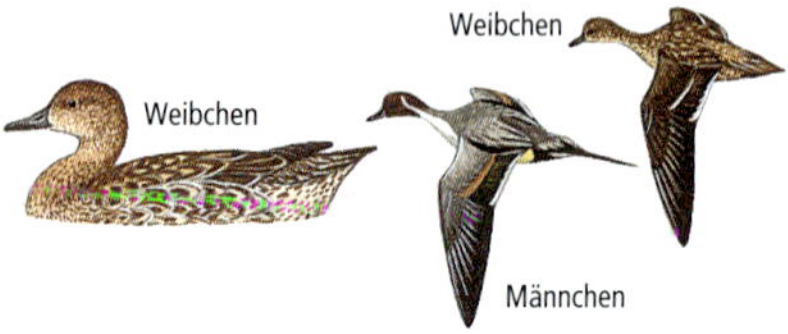

37–41 cm

J	F	M	A	M	J
J	A	S	O	N	D

Knäkente

Anas querquedula

Größe:
Kleiner als Stockente

Merkmale:
Männchen mit weißem Streifen über dem Auge und verlängerten Federn auf dem Rücken. Weibchen wie Krickenten-Weibchen mit dunklem Augenstreifen und weißem Streifen darüber. Schlichtkleid von Juli bis September, Männchen ähnelt Weibchen, aber helleres Blau auf den Schwingen. Im Flug blaugraue Vorderschwinge, die beim Weibchen matter ist

Schnabel:
Grau

Stimme:
Trocken knarrendes Rattern

Ähnliche Arten:
Krickente

Diese kleine Ente ist in Europa Sommergast aus Afrika. Sie nistet in dichter Vegetation in der Nähe seichter Süßgewässer mit üppig sprießenden Wasserpflanzen. Ihre Nahrung besteht aus Insekten, aber auch aus Knospen, Blättern, Wurzeln und Samen. Die 8–9 Jungen schlüpfen nach 21 Tagen und können sich bereits selbst ernähren.

Männchen

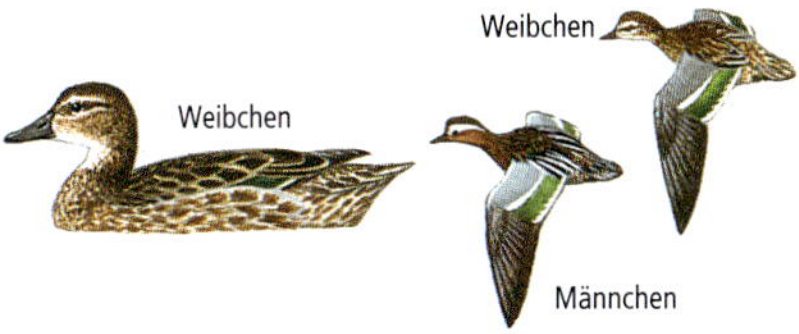

44–52 cm

J	F	M	A	M	J
J	A	S	O	N	D

Löffelente

Anas clypeata

Größe:
Stockentenähnlich

Merkmale:
Männchen: grüner Kopf, weiße Brust und orange Seiten. Weibchen stockentenartig mit grünem Spiegel. Schlichtkleid des Männchens von Mai bis September wie beim Weibchen, von September bis November mit schuppig aussehendem Brutgefieder. Im Flug Flügel weit zurückgesetzt, blaue Vorderschwingen

Schnabel:
Sehr groß und breit

Stimme:
Heiseres »Vack-ack«

Ähnliche Arten:
Stockente

Mit ihrem großen, lamellenbesetzten Schnabel filtert die Löffelente kleines Getier und Samen aus dem Wasser und dem Schlamm. Sie brütet bei seichten Binnengewässern mit üppiger Vegetation. Im Winter zieht sie nach Süden. Ihre Sommerstandorte werden bald von Zugvögeln aus dem Nordosten eingenommen. Die 9–11 Jungen schlüpfen nach 22 Tagen und werden vom Weibchen umsorgt.

Männchen

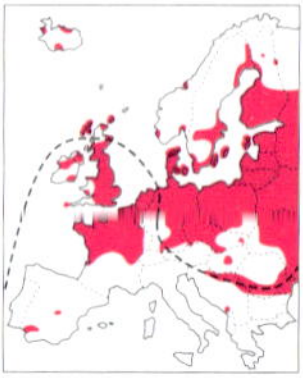

53–57 cm

J	F	M	A	M	J
J	A	S	O	N	D

Kolbenente

Netta rufina

Größe:
Stockentenähnlich

Merkmale:
Bei Männchen Kopf und Haube orange, Hals und Brust schwarz, helle Seiten. Weibchen mit brauner Brust, hellen Wangen und dunkler Haube. Schlichtkleid von Mai bis Oktober, Männchen ähnelt Weibchen, aber roter Schnabel und größerer Kopf. Im Flug weißer Flügelstreif und weißer Bauch

Schnabel:
Hellrot beim Männchen, grau beim Weibchen

Stimme:
Gewöhnlich leise

Ähnliche Arten:
Tafelente

Diese tauchfreudige Ente mit langem Hals und einem großen, runden Kopf ist an Binnenseen in Asien zu Hause. In Europa brütet sie an vereinzelten Stellen, oft an kleinen, von Schilf und anderen Pflanzen umgebenen Gewässern. Sie entkommt oft aus Vogelgehegen. Ihre Nahrung besteht aus Wasserpflanzen, nach denen sie taucht oder gründelt. Die 8–10 Jungen schlüpfen nach 26 Tagen.

Männchen

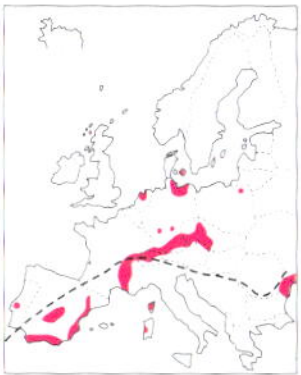

42–49 cm

J	F	M	A	M	J
J	A	S	O	N	D

Tafelente

Aythya ferina

Größe:
Kleiner als Stockente

Merkmale:
Männchen: rötlichbrauner Kopf, grauer Rumpf, Kopf und Schwanz schwarz. Weibchen: graubrauner Rumpf mit fleckigen Wangen. Schlichtkleid von Juli bis August, Männchen ähnelt Weibchen, ist aber grauer. Im Flug heller Rumpf im Kontrast mit schwarzer Brust und schwarzem Schwanz

Schnabel:
Grau mit silbernem Band

Stimme:
Gewöhnlich leise, Schwingen machen pfeifendes Geräusch

Ähnliche Arten:
Pfeifente, Reiherente

Sie brütet an vielen Stellen Europas rund um Binnenseen mit üppiger Vegetation und großen, freien Wasserflächen. Zum Winterzug sammeln sich die Tiere oft in großen Schwärmen. Die Tafelente ernährt sich vorwiegend tauchend von Pflanzen, die am Grunde seichter Seen wachsen. Sie nistet geschützt am Wasser. Nach 25 Tagen schlüpfen die 8–10 Jungvögel. Sie werden von der Mutter umsorgt.

Männchen

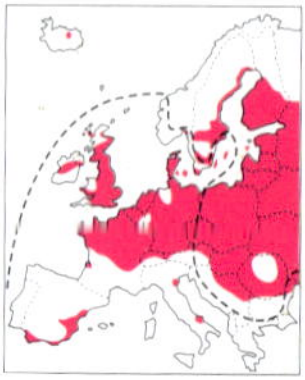

40–47 cm

J	F	M	A	M	J
J	A	S	O	N	D

Reiherente

Aythya fuligula

Größe:
Kleiner als Stockente

Merkmale:
Männchen: schwarz mit weißen Seiten, Weibchen: dunkelbraun mit hellbraunen Seiten. Schlichtkleid von Juli bis Oktober, Männchen ähnelt Weibchen, hat aber dunklere Oberseite und hellere Unterseite. Im Flug weißer Flügelstreif, Männchen mit weißem Bauch

Schnabel:
Grau

Stimme:
Viele leise Rufe

Ähnliche Arten:
Bergente, Schellente, Trauerente

Die Reiherente brütet in ganz Nordeuropa und in einigen südlichen Standorten. Im Herbst zieht sie Richtung Süden und Westen ins Inland wie zur Küste. Sie kann bis zu einer Tiefe von 14 m nach Süßwassermuscheln, Wasserpflanzen und Kleintieren tauchen. Ihr Nest befindet sich nahe am Wasser. Die 8–11 Eier werden nach 25 Tagen verlassen. Die Jungvögel leben von Stechmückenlarven.

Männchen

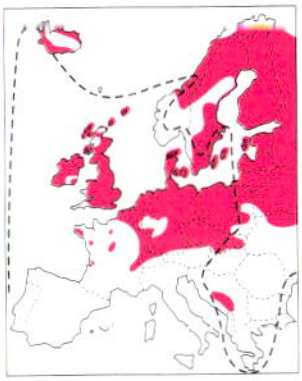

42–51 cm

J	F	M	A	M	J
J	A	S	O	N	D

Bergente

Aythya marila

Größe:
Kleiner als Stockente

Merkmale:
Beim Männchen Kopf, Brust und Schwanz schwarz, weiße Seiten, grauer Rücken. Weibchen: braun, mit hellem Fleck an der Schnabelwurzel. Schlichtkleid von Juli bis November, Männchen wird blasser. Im Flug weißer Flügelstreif

Schnabel:
Graublau

Stimme:
Meist still

Ähnliche Arten:
Reiherente, Schellente

Die Bergente brütet weiter nördlich als andere Mitglieder der Entenfamilie. Sie überwintert in nördlichen Küstengewässern. Ihre Nahrung ist reichhaltig. Vorwiegend holt sie sich Muscheln vom Meeresboden, meist in der Nacht. Ihr Nest wird am Boden zwischen Gras oder unter Büschen in der Nähe des Wassers angelegt. Die 8–11 Jungen schlüpfen nach 26 Tagen und ernähren sich selbst.

Männchen

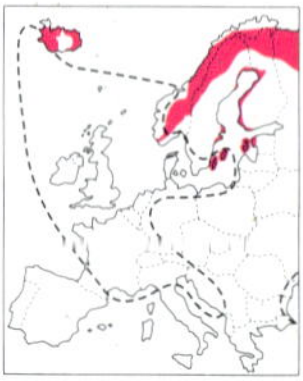

50–71 cm

J	F	M	A	M	J
J	A	S	O	N	D

Eiderente

Somateria mollissima

Größe:
Wie Stockente

Merkmale:
Männchen schwarzweiß mit lindgrünem Nacken. Weibchen dunkel, braun gesprenkelt. Schlichtkleid von Juli bis September, Männchen rußigbraun. Vorderschwingen weiß. Junge Männchen unterschiedlich schwarzweiß gefiedert. Im Flug Männchen hinten schwarz, vorne weiß, Weibchen braun und schwer wirkend

Schnabel:
Groß, keilförmig

Stimme:
Gurrende Rufe im Frühling

Ähnliche Arten:
Eisente, Schellente, Gänsesäger, Brandgans

Diese Meeresente brütet an felsigen Küsten Nordeuropas und überwintert nur wenig südlicher. Mit ihrem kräftigen Schnabel reißt sie Muscheln von Felsen ab. Das Nest aus Brustdaunen des Weibchens liegt entweder frei oder geschützt zwischen den Felsen. Die 4–6 Jungen schlüpfen nach 25 Tagen. Während sich die Eltern zur Mauser aufmachen, werden die Jungen von »Ammen« umsorgt.

Männchen

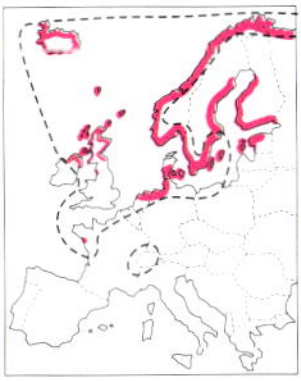

40–47 cm

J	F	M	A	M	J
J	A	S	O	N	D

Eisente

Clangula hyemalis

Größe:
Kleiner als Stockente

Merkmale:
Männchen im Sommerkleid braun, weiße Seiten, weißes Gesicht, im Winterkleid schwarzweiß, schwarzwangig. Weibchen brauner Rumpf, helles Gesicht, dunkler Wangenfleck. Schlichtkleid von Juli bis August, Männchen im blassen Sommerkleid. Im Flug weißer Rumpf, dunkle Schwingen

Schnabel:
Rosa und schwarz

Stimme:
Gurrendes »Aah-hu-aah«

Ähnliche Arten:
Spießente, Eiderente, Schellente, Zwergsäger

Die Eisente, eine nördliche Berg- und Tundra-Art, ist Wintergast an den Küsten Nordwesteuropas. Das Männchen wechselt sein Gefieder jährlich dreimal. Als Nahrung dienen der Eisente Krebse und Schalentiere, die sie unter Wasser fängt. Die 6–9 Jungen schlüpfen nach 24 Tagen und ernähren sich meist selbst, obwohl die Nahrung auch vom Eisenten-Weibchen hochgewürgt wird.

Männchen im Winterkleid

44–54 cm

J	F	M	A	M	J
J	A	S	O	N	D

Trauerente

Melanitta nigra

Größe:
Kleiner als Stockente

Merkmale:
Männchen vollkommen schwarz. Weibchen dunkelbraun, hellwangig, heller Hals. Im Flug vollkommen schwarz, fliegt dicht über den Wellen

Schnabel:
Beim Männchen gelb mit Höcker an der Wurzel, beim Weibchen grau

Stimme:
Verschiedene pfeifende und flötende Rufe

Ähnliche Arten:
Samtente

Die Trauerente, eine Meerente, brütet weit entfernt vom Meer an Seen in der arktischen Tundra. Sie überwintert in großen Ansammlungen auf der Ostsee, entlang der Nordseeküste und der atlantischen Küste. Ihre Nahrung besteht vorwiegend aus Miesmuscheln und anderen Weichtieren, Krebsen und Larven, die sie sich beim Tauchen holt. Nach 30 Tagen schlüpfen die 6–8 Jungen.

Männchen

51–58 cm

J	F	M	A	M	J
J	A	S	O	N	D

Samtente

Melanitta fusca

Größe:
Wie Stockente

Merkmale:
Männchen schwarz mit weißem Flügelstreif. Weibchen braun mit weißem Flügelstreif und hellen Flecken am Kopf. Im Flug schwarz mit weißem Flügelstreif

Schnabel:
Beim Männchen gelbschwarz mit Höcker an der Wurzel, beim Weibchen grau

Stimme:
Tiefes Rollen, gelegentlich Pfeifen

Ähnliche Arten:
Trauerente

Die Samtente brütet noch weiter vom Meer entfernt als die Trauerente. Sie überwintert vor den Küsten Nordwesteuropas, besucht aber auch große Binnenseen. Am Meer schließt sie sich gelegentlich Trauerentenschwärmen an. Ihre Nahrung sind Weichtiere, die sie beim Tauchen fängt. Die 7–9 Jungen schlüpfen nach 27 Tagen, ernähren sich selbst und werden nach 50 Tagen flügge.

Männchen

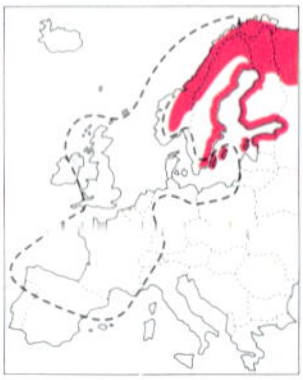

42–50 cm

J	F	M	A	M	J
J	A	S	O	N	D

Schellente

Bucephala clangula

Größe:
Kleiner als Stockente

Merkmale:
Männchen weiß mit dunklem Kopf und Rücken, weißer Fleck vor dem Auge. Weibchen grau mit braunem Kopf, weißes Halsband, Schwingen teilweise weiß. Schlichtkleid von August bis September, Männchen ähnelt dem Weibchen. Im Flug ertönt pfeifendes Geräusch, weiße Flügelflecken

Schnabel:
Ziemlich klein und dunkel

Stimme:
Gewöhnlich schweigsam, bei der Balz tiefes Knurren

Ähnliche Arten:
Eisente, Zwergsäger, Eiderente, Reiherente

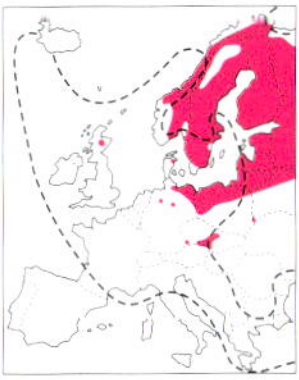

Diese Ente brütet in nördlichen Nadelwäldern an Seen oder Flüssen. Sie nistet in Baumhöhlen, Nistkästen und sogar Schwarzspechthöhlen. Ihr Kennzeichen ist ein sehr großer Kopf. Im Winter zieht sie nach Süden und Westen an Binnenseen sowie an die Küste. Ihre Nahrung besteht aus Weichtieren, Krustentieren und Insektenlarven. Die 8–9 Jungen schlüpfen nach 29 Tagen und ernähren sich sofort selbst.

Männchen

58–66 cm

J	F	M	A	M	J
J	A	S	O	N	D

Gänsesäger

Mergus merganser

Größe:
Größer als Stockente

Merkmale:
Männchen mit großem, grünem Kopf und schwarzem Rücken. Weibchen mit grauem Körper, herabhängendem Schopf, rötlichem Kopf, weißer Kehle und grauem Nacken. Schlichtkleid und Jungvogel ähnlich Weibchen. Im Flug weiße Flügelflecken, beim Männchen größer

Schnabel:
Lang und dünn

Stimme:
Heiseres »Küörr-küörr«

Ähnliche Arten:
Mittelsäger, Haubentaucher, Eiderente

Der größte aller Säger brütet an Seen und Flüssen im Norden. Er überwintert an südlicher gelegenen Seen. Die Küstengewässer besucht er jedoch seltener als der Mittelsäger. Sein Nest legt er in Bodenspalten an, doch immer häufiger nistet er auch in Baumlöchern oder Nistkästen. Er ernährt sich von Fischen, die er beim Tauchen fängt. 8–11 Junge schlüpfen nach 30 Tagen, ernähren sich selbst und sind nach 60–70 Tagen flügge.

Männchen

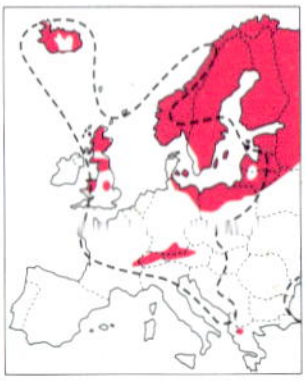

52–58 cm

J	F	M	A	M	J
J	A	S	O	N	D

Mittelsäger

Mergus serrator

Größe:
Stockentenähnlich

Merkmale:
Männchen mit grünem Kopf, dünnem Schopf, grauem Rumpf und brauner Brust. Weibchen grau mit rötlichem Kopf, heller Kehle und grauem Nacken. Schlichtkleid und Jungvogel ähnlich Weibchen. Im Flug weiße Flügelflecken, beim Männchen mit schwarzen Querstreifen

Schnabel:
Lang, dünn

Stimme:
Schnarrend »Ahrrk ahrrk ahrrrk…«

Ähnliche Arten:
Gänsesäger, Haubentaucher

Dieser Säger brütet in der Nähe von Süß- oder Salzwasser und überwintert in Küstenregionen. Er schwimmt zunächst mit dem Kopf unter Wasser und taucht dann zum Fischen ab. Oft bilden mehrere Tiere Treiberketten, die die Fische in seichteres Wasser jagen. Sein Nest baut der Säger am Boden zwischen Pflanzen oder in einer Bodenspalte, oft in einem Waldgebiet oder in Waldnähe. 8–10 Junge schlüpfen nach 31 Tagen und ernähren sich selbst.

Männchen

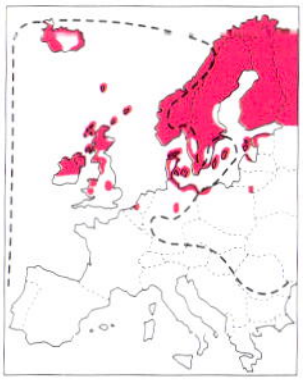

38–44 cm

J	F	M	A	M	J
J	A	S	O	N	D

Zwergsäger

Mergus albellus

Größe:
Kleiner als Stockente

Merkmale:
Männchen weiß mit schwarzen Flecken, kleine Haube. Weibchen und Jungvogel grau, rötlichbrauner Kopf, Kehle und Nacken weiß.
Im Flug schwarzweißes Flügelmuster, Rumpf beim Männchen weiß

Schnabel:
Klein, dunkelgrau

Stimme:
Gewöhnlich schweigsam

Ähnliche Arten:
Schellente, Gänsesäger, Mittelsäger

Der kleinste Säger – eine prächtige Tauchente – ist an den Binnenseen Mittel- und Südeuropas ein Wintergast aus den nördlichen Wäldern. Die Weibchen und die Jungvögel ziehen noch weiter nach Süden als die Männchen.
Der Zwergsäger ernährt sich von Fischen und Insektenlarven, die er beim Tauchen fängt.
Er nistet in Baumhöhlen, zuweilen auch in Nistkästen und ist innerhalb seines Verbreitungsgebietes nicht häufig.

Männchen

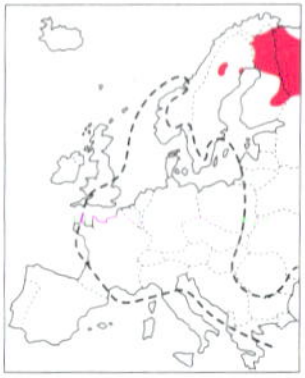

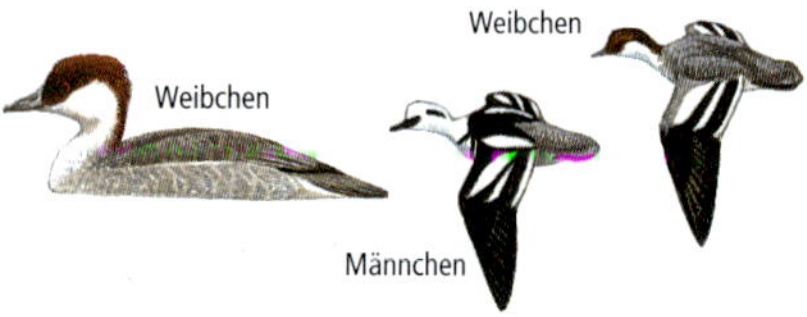

35–43 cm

J	F	M	A	M	J
J	A	S	O	N	D

Schwarzkopf-Ruderente

Oxyura jamaicensis

Größe:
Kleiner als Stockente

Merkmale:
Männchen rötlichbraun mit weißem Gesicht. Weibchen braun mit hellen Wangen, dunkle Linie unter dem Auge. Im Schlichtkleid Männchen ähnlich Weibchen mit helleren Wangen. Im Flug rasch, ohne besondere Merkmale auf den Flügeln

Schnabel:
Groß, beim Männchen blau, beim Weibchen grau

Stimme:
Bei der Balz erzeugen Schnabelklappern und Brustschlagen hohle Töne

Ähnliche Arten:
Keine

Diese kleine, aus Nordamerika stammende Ente wurde in Europa für Wildvogelgehege eingeführt. Viele wurden wieder freigelassen oder konnten entkommen, so daß es jetzt in Europa, besonders in England, kleine Wildpopulationen gibt. Diese Ente ernährt sich tauchend von Insekten und Wasserpflanzen. Ihr Nest ist zwischen Wasserpflanzen angelegt. Die 6–10 Jungen schlüpfen nach 25 Tagen und sind nach etwa 50 Tagen flügge.

Männchen

55–58 cm

J	F	M	A	M	J
J	A	S	O	N	D

Fischadler

Pandion haliaetus

Größe:
Etwas größer als Mäusebussard

Merkmale:
Altvogel auf der Oberseite dunkelbraun, unterseits weiß mit dunklen Flecken, weißer Kopf mit dunkler Maske. Jungvogel mit gepunktetem Rücken. Im Flug lange Schwingen, dunkle »Ellenbogen«, Schwingen oft gekrümmt

Schnabel:
Gekrümmt und dunkel

Stimme:
Hohes Pfeifen am Nest

Ähnliche Arten:
Mäusebussard, Wespenbussard

Der Greifvogel bewohnt jeden Kontinent außer der Antarktis. Er ist ein Zugvogel und kehrt im Frühling aus Afrika nach Europa zurück. Seine Nahrung sind Fische, die er mit vorgestreckten Zehen ins Wasser stürzend fängt. Nistplätze liegen in Bäumen oder auf Steilfelsen. Das Nest, ein großes Gebilde aus Ästen, wird Jahr für Jahr wieder benutzt. Die 2–3 Eier werden nach 37 Tagen verlassen.

Altvogel

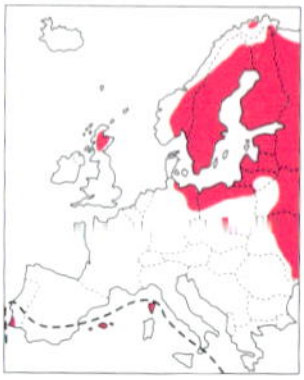

Altvogel

Altvogel (von unten)

70–90 cm

J	F	M	A	M	J
J	A	S	O	N	D

Seeadler

Haliaeetus albicilla

Größe:
Größter Greifvogel Nordeuropas

Merkmale:
Altvogel braun mit hellem Kopf und weißem Schwanz. Jungvogel dunkel, gepunktet, helle Linie auf Flügelunterseite. Im Flug breite, rechteckige, gefingerte Schwingen und kurzer, keilförmiger Schwanz, leichte Flügelschläge und lange Gleitflüge

Schnabel:
Groß, gekrümmt

Stimme:
Hackende Schreie »kyick, kyick…«

Ähnliche Arten:
Steinadler

Dieser große Adler brütet in Küstennähe, an großen Flüssen oder Seen auf Klippen, Bäumen und gelegentlich am Boden. Einige Vögel ziehen nach Mittel- und Südeuropa. Der Seeadler ernährt sich von Fischen, Säugetieren und Aas. Gewöhnlich legt der Seeadler zwei Eier, die er 38 Tage bebrütet. Die Jungen werden von beiden Eltern umsorgt und sind nach 70 Tagen flügge. Die Eltern füttern die Jungen weitere 35 Tage.

Altvogel

Altvogel (von unten)

Jungvogel (von unten)

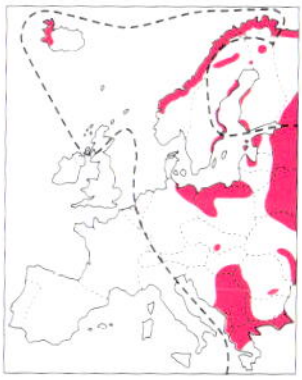

75–88 cm

J	F	M	A	M	J
J	A	S	O	N	D

Steinadler

Aquila chrysaetos

Größe:
Viel größer als Mäusebussard

Merkmale:
Altvogel vollständig dunkel mit gelbbraunem Kopf. Jungvogel dunkel mit hellem Flügelstreif unterseits und weißer Schwanzwurzel. Im Gleitflug stehen Flügel leicht V-förmig

Schnabel:
Gekrümmt, kräftig

Stimme:
Jaulende Schreie

Ähnliche Arten:
Seeadler

Der große Adler lebt zurückgezogen in Bergregionen und entlegenen Waldgebieten. Er ist meist standorttreu, die Jungen verlassen jedoch ihre Brutstätten. Als Nahrung fängt er mittelgroße Säugetiere und Vögel. Das Nest besteht aus Ästen und liegt an Felsen oder auf Bäumen. Gewöhnlich werden zwei Eier gelegt, oft wird jedoch nur ein Junges großgezogen. Die Jungen schlüpfen nach 43 Tagen und sind nach 65 Tagen flügge.

Altvogel

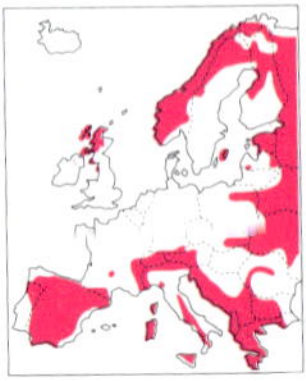

Altvogel (von unten)

Jungvogel (von unten)

52–60 cm

J	F	M	A	M	J
J	A	S	O	N	D

Wespenbussard

Pernis apivorus

Größe:
Etwas größer als Mäusebussard

Merkmale:
Altvogel mit kleinem Kopf und Hals, langem Schwanz, variable Farbe. Jungvogel dunkel, nicht wie Altvogel gemustert, dunkle Hinterkante am Flügel. Im Flug hell oder dunkel, mit drei dunklen Streifen auf Schwingen und Schwanz, schwarze vorstehende »Ellenbogen«

Schnabel:
Klein, kuckucksähnlich

Stimme:
Langezogenes »Wh-ee-ooh«

Ähnliche Arten:
Mäusebussard, Habicht

Der Wespenbussard zieht im Sommer in die europäischen Waldgebiete. Er überwintert in Afrika. Nahrung findet er in den Nestern und Larven von Wespen oder Bienen. Das Nest wird in Bäumen angelegt, wobei der Bussard entweder eines aus Ästen und Blättern baut oder ein verlassenes Krähen- beziehungsweise Bussardnest besetzt. Die beiden Jungen schlüpfen nach 30 Tagen und sind nach 40 Tagen flügge.

Altvogel

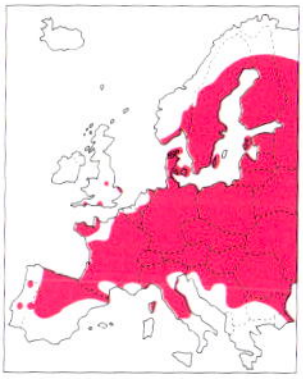

Heller Altvogel (von unten)

Dunkler Altvogel (von unten)

60–66 cm

J	F	M	A	M	J
J	A	S	O	N	D

Rotmilan

Milvus milvus

Größe:
Größer als Mäusebussard

Merkmale:
Altvogel rostrot mit hellem Kopf. Jungvogel ähnlich, jedoch mit stärker gepunktetem Rücken und nicht so kontrastreicher Unterseite. Im Flug sehr wendig, langer gabeliger Schwanz, lange, schlanke Flügel, großer, heller Fleck an der Basis der Schwungfedern

Schnabel:
Gekrümmt, sehr klein

Stimme:
Jammerndes »Hiah-hi-hi-hi-hi-hiah…«

Ähnliche Arten:
Mäusebussard

Der schnittige Greifvogel jagt gelegentlich lebende Beute, er ernährt sich jedoch vorwiegend von Aas. Früher war der Rotmilan in fast ganz Europa heimisch, jedoch hat er sich aufgrund von Nahrungsengpässen und Verfolgung in das Bergland und in entlegene Täler zurückgezogen. Das Nest wird auf einem Baum in einer Astgabel angelegt. Die 1–3 Jungen schlüpfen nach 31 Tagen und sind nach 50–70 Tagen flügge.

Altvogel

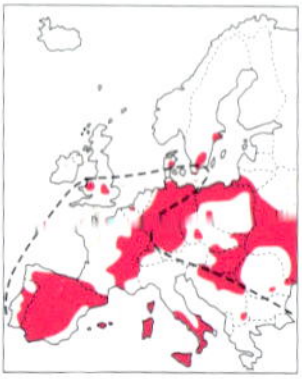

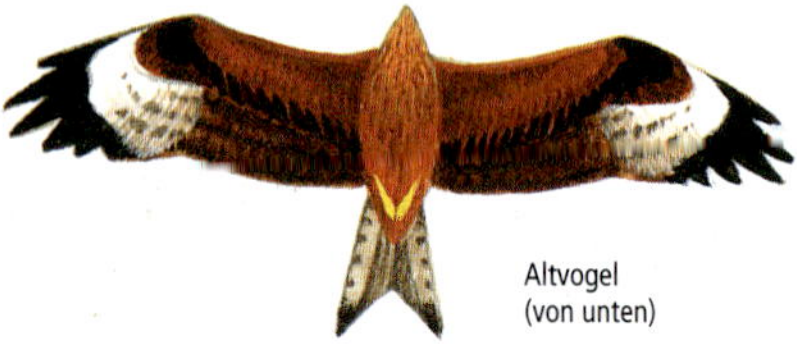

Altvogel
(von unten)

51–57 cm

J	F	M	A	M	J
J	A	S	O	N	D

Mäusebussard

Buteo buteo

Größe:
Größer als Aaskrähe

Merkmale:
Variabel, brauner Rücken, hellere Unterseiten, gelegentlich mit hellem Halbkreis auf der Brust. Im Flug breite, abgerundete Flügel, kurzer Hals, ziemlich kleiner Schwanz, heller Fleck an der Basis der Steuerfedern

Schnabel:
Gekrümmt

Stimme:
Langgezogenes, miauendes »Piääh«

Ähnliche Arten:
Wespenbussard, Seeadler, Habicht

Dieser Bussard gehört zu den häufigsten und verbreitetsten Greifvögeln Europas. Er lebt in Kulturlandschaften mit Waldgebieten, Wiesen und Feldern. Seine Nahrung besteht aus kleinen Säugetieren, Vögeln und Insekten. Manchmal rüttelt der Mäusebussard, steht aber auch oft still im Wind. Er nistet auf Klippen oder in Bäumen. Die 2–4 Jungen schlüpfen in zweitägigen Intervallen nach 35 Tagen und sind nach 50 Tagen flügge.

Altvogel

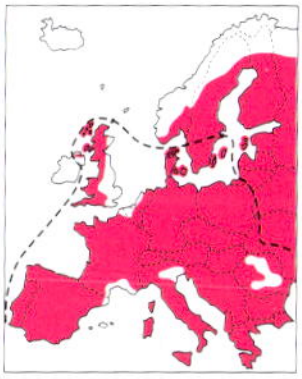

Dunkler Altvogel (von unten)

50–60 cm

J	F	M	A	M	J
J	A	S	O	N	D

Rauhfußbussard

Buteo lagopus

Größe:
Etwas größer als Mäusebussard

Merkmale:
Sehr variabel, gewöhnlich hell mit noch hellerer Unterseite. Im Flug rüttelt er regelmäßig und kreist mit V-förmig angehobenen Flügeln. Dunkler Bauchfleck, dunkles Schwanzband und dunkle Flügelspitzen

Schnabel:
Klein, dunkel mit gelber Wurzel, gekrümmt

Stimme:
Lauter und tiefer als Mäusebussard

Ähnliche Arten:
Mäusebussard, Wespenbussard, Fischadler

Der helle Rauhfußbussard der arktischen Tundra und skandinavischen Bergregionen überwintert in Mittel- und Osteuropa auf Feldern oder Wiesen. Er frißt kleine Säugetiere, insbesondere Feldmäuse und Lemminge. Bei großem Nahrungsangebot dehnt er sein Brutgebiet nach Süden aus. Das Nest wird auf dem Boden, in Felsvorsprüngen oder in Bäumen angelegt. Die 3–4 Jungen schlüpfen nach 28 Tagen.

Altvogel

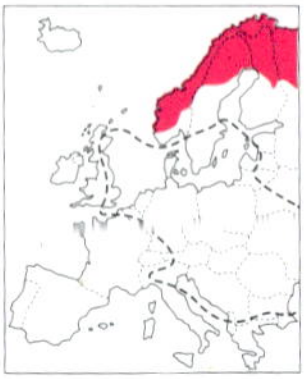

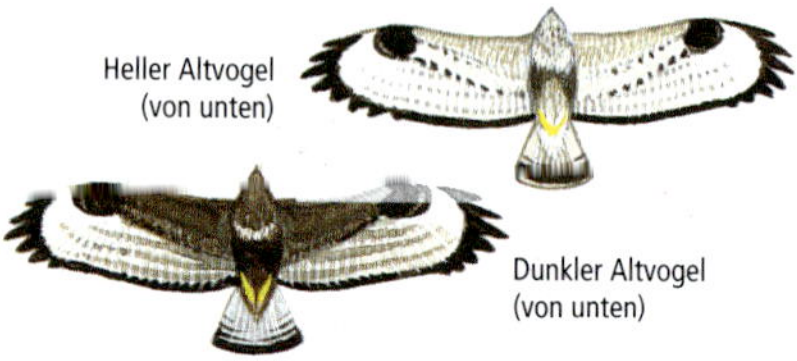

48–56 cm

J	F	M	A	M	J
J	A	S	O	N	D

Rohrweihe

Circus aeruginosus

Größe: Mäusebussard-ähnlich

Merkmale: Männchen mit dunklem Rumpf, grauem Kopf, grauen Schwingen und Schwanz. Weibchen mit dunkler Haube, Vorderseite der Schwingen strohfarben. Jungvogel wie braunes Weibchen. Im Flug langer Schwanz, lange Schwingen, die oft leicht V-förmig angehoben sind

Schnabel: Gekrümmt

Stimme: Gewöhnlich schweigsam

Ähnliche Arten: Mäusebussard, Kornweihe, Wiesenweihe

Die Rohrweihe ist durch das Trockenlegen vieler europäischer Feuchtgebiete zurückgedrängt worden. Sie brütet aber noch in einigen größeren Sümpfen und Flußtälern, wo sie kleine Säugetiere und Vögel jagt. Die nördlichen Populationen wandern im Herbst nach Süden, wobei einige Afrika erreichen. Das Nest wird auf sumpfigem Boden angelegt. Die 3–8 Jungen schlüpfen nach 35 Tagen und sind nach 35 Tagen flügge.

Männchen

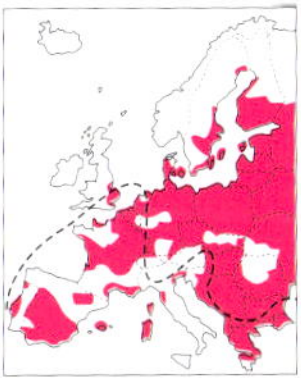

Weibchen

Männchen (von oben)

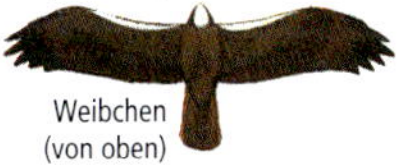

Weibchen (von oben)

44–52 cm

J	F	M	A	M	J
J	A	S	O	N	D

Kornweihe

Circus cyaneus

Größe:
Kleiner als Mäusebussard

Merkmale:
Männchen blaugrau mit schwarzen Flügelspitzen und weißem Rumpf. Weibchen größer, braun mit weißem Bürzel. Jungvogel wie Weibchen mit orangener Unterseite. Im Flug recht schmale Flügel, im Gleitflug Schwingen V-förmig angehoben

Schnabel:
Gekrümmt

Stimme:
Gewöhnlich schweigsam

Ähnliche Arten:
Mäusebussard, Rohrweihe, Wiesenweihe

Sie lebt im offenen Bergland, meist außerhalb von menschlichen Störeinflüssen. Die nördlichen Populationen ziehen zum Überwintern nach Süden oder Westen ins Tiefland oder in Küstengebiete. Wenn die Kornweihe Kleintiere und Vögel jagt, fliegt sie oft sehr niedrig. Sie brütet in Moor- und Heidegebieten. Ihre 4–6 Jungen schlüpfen nach 30 Tagen. Die Eier werden nacheinander gelegt, so daß das Alter der Jungen unterschiedlich ist.

Weibchen

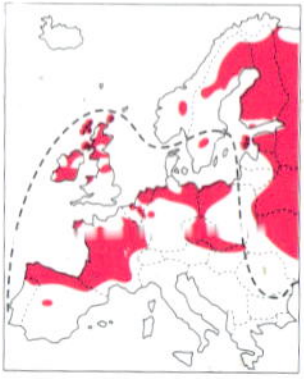

Männchen

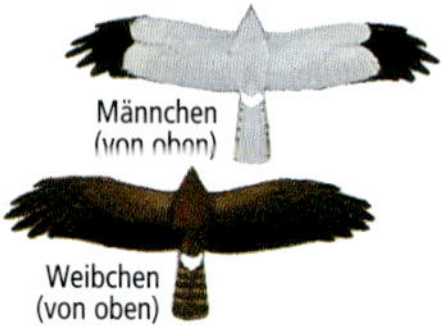

43–47 cm

J	F	M	A	M	J
J	A	S	O	N	D

Wiesenweihe

Circus pygargus

Größe:
Kleiner als Mäusebussard

Merkmale:
Männchen grau mit schwarzen Flügelspitzen. Ein schwarzer Flügelstreif auf der Oberseite und zwei auf der Unterseite, einige Streifen auf dem Bauch und den Seiten. Weibchen braun mit kleinem, weißem Bürzel. Jungvogel wie Weibchen mit orangerem Unterteil. Im Flug lange, schlanke Schwingen

Schnabel:
Gekrümmt

Stimme:
Gewöhnlich schweigsam

Ähnliche Arten:
Kornweihe, Rohrweihe, Mäusebussard

Die Wiesenweihe, ein eleganter Greifvogel, ist in diesem Jahrhundert in den meisten Teilen Europas zurückgedrängt worden. Sie brütet auf trockenen Feldern und Wiesen. Im Herbst zieht sie nach Afrika. Ihr Nest wird auf einem Gras- oder Schilfhügel unter hohen Pflanzen angelegt. Die 4–5 Jungen schlüpfen nach 28 Tagen und sind nach 35 Tagen flügge. Nach weiteren zehn Tagen sind die Jungvögel von den Eltern unabhängig.

Weibchen

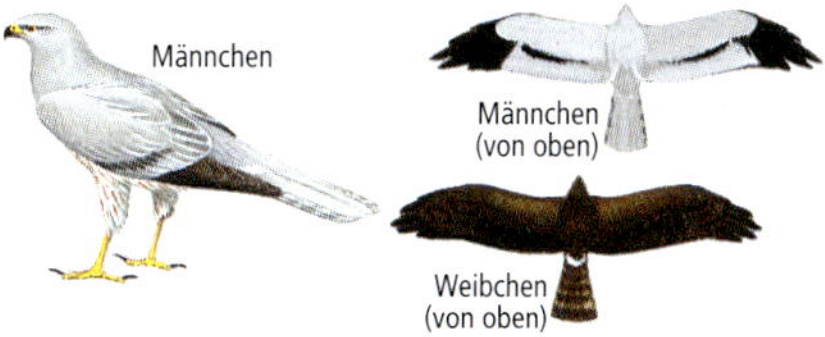

48–62 cm

J	F	M	A	M	J
J	A	S	O	N	D

Habicht

Accipiter gentilis

Größe:
Größer als Sperber, Weibchen fast so groß wie Mäusebussard

Merkmale:
Altvogel oberseits dunkelbraun und unterseits weiß und fein gestreift. Breite Bänder auf dem Schwanz, dunkler Kopf, weißer Überaugenstreif. Weibchen größer als Männchen. Im Flug wie Sperber, mit kürzeren Schwingen und längerem Schwanz als Mäusebussard

Schnabel:
Hakenschnabel

Stimme:
Gewöhnlich schweigsam

Ähnliche Arten:
Sperber, Mäusebussard, Kornweihe

Der Habicht ist in den Wäldern Europas heimisch. Er jagt im Wald nach Vögeln und Säugetieren. Im offenen Gelände fliegt er dicht über dem Boden. Bisweilen macht er spektakuläre Sturzflüge. Sein Nest aus Ästen liegt in hohen Bäumen. Die 3–4 Jungen schlüpfen nach 35 Tagen und werden von der Mutter umsorgt. Die Männchen sind nach 35 Tagen flügge, die Weibchen fliegen wenige Tage später.

Weibchen

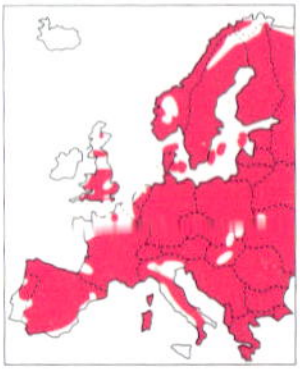

Altvogel
(von unten)

Jungvogel
(von unten)

28–38 cm

J	F	M	A	M	J
J	A	S	O	N	D

Sperber

Accipiter nisus

Größe:
Turmfalkengröße

Merkmale:
Männchen mit blaugrauem Rücken, breiter Maserung mit unterseits rostrotem Einschlag. Weibchen größer, mit braunem Rücken. Im Flug breite, abgerundete Schwingen, langer Schwanz, rasche Flügelschläge und Gleitflug wechseln sich ab

Schnabel:
Hakenschnabel

Stimme:
Schrilles »Kji-kji-kji…« am Nistplatz, sonst schweigsam

Ähnliche Arten:
Habicht, Turmfalke

Dieser kleine und häufige Raubvogel ernährt sich von Kleinvögeln, die er im Flug fängt. Oft jagt er auch in der Nähe von Futterhäuschen. Er rüttelt nicht wie der Turmfalke und jagt an Waldrändern und sogar in Parks. Die Weibchen erlegen Beute bis hin zu Taubengröße.
Der Sperber legt sein Nest in hohen Bäumen an. Die fünf Jungvögel schlüpfen nach 33 Tagen. Sie sind 20–30 Tage von den Eltern abhängig.

Weibchen

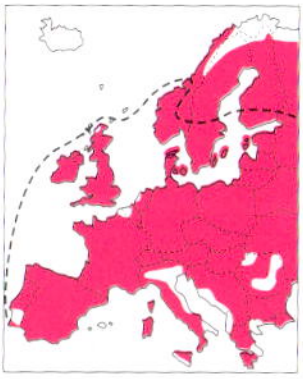

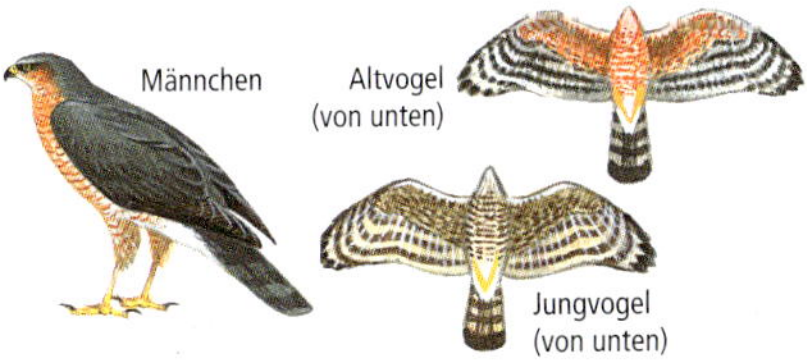

32–35 cm

J	F	M	A	M	J
J	A	S	O	N	D

Turmfalke

Falco tinnunculus

Größe:
Mittelgroßer Greifvogel

Merkmale:
Männchen mit kastanienbraunem Rücken mit schwarzen Punkten, blaugrauer Kopf und Schwanz. Weibchen braun gestreift. Jungvogel wie Weibchen. Im Flug lange spitze Schwingen, häufig rüttelnd

Schnabel:
Grauer Hakenschnabel mit gelber Wurzel

Stimme:
Scharfes und durchdringendes »Ki ki ki…«

Ähnliche Arten:
Merlin, Baumfalke, Sperber

Der Turmfalke ist der häufigste Falke Europas. Er ist an vielen Standorten heimisch. Seine Nahrung besteht aus Kleintieren, Vögeln und Insekten. Man sieht ihn oft rüttelnd oder auf Masten oder Pfosten sitzend, von wo er nach Beute Ausschau hält. Sein Nest baut er in Baumlöchern, auf Klippen oder in Gebäuden. Die 3–6 Jungvögel schlüpfen nach 27 Tagen und sind nach 30 Tagen flügge.

Männchen

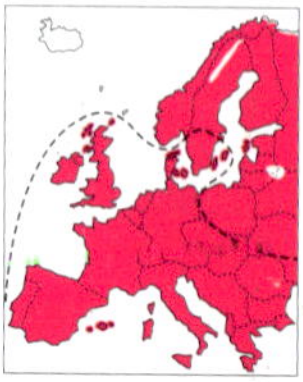

Weibchen

Männchen (von oben)

Weibchen (von oben)

25–30 cm

J	F	M	A	M	J
J	A	S	O	N	D

Merlin

Falco columbarius

Größe:
Kleiner als Turmfalke

Merkmale:
Männchen mit bläulichem Rücken, rötlich gestreifter Brust, schwarzem Band am Ende des Schwanzes. Weibchen größer als Männchen, brauner Rücken, gestreifter Schwanz. Im Flug oft dicht am Boden. Kurze, kraftvolle Flügelschläge und Gleitflug abwechselnd

Schnabel:
Gekrümmt

Stimme:
Schrilles und sehr schnelles »Kikikiki…«

Ähnliche Arten:
Turmfalke, Sperber

Dieser kleinste Falke Nordeuropas lebt in wilden, offenen Landgebieten. Er zieht zum Überwintern nach Süden bis in den Mittelmeerraum, wo er Flußmündungen und bewirtschaftetes Gebiet besucht. Kleinvögel fängt er im Flug. Meist nistet er auf dem Boden in der Heide, verwendet jedoch bisweilen auch ein verlassenes Krähennest. Die 3–5 Jungen schlüpfen nach 28 Tagen. Sie fliegen nach 25 Tagen.

Männchen

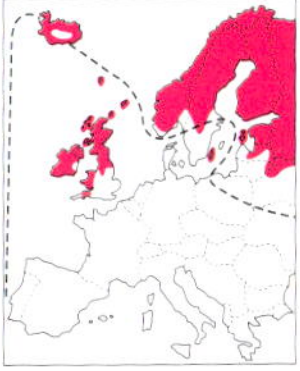

30–36 cm

J	F	M	A	M	J
J	A	S	O	N	D

Baumfalke

Falco subbuteo

Größe:
Wie Turmfalke

Merkmale:
Altvogel oberseits dunkelblaugrau, mit dunklem »Schnauzbart«, unterseits stark gestreift, rötliche Flanken. Jungvogel wie Altvogel, nur brauner. Im Flug lange, spitze Schwingen, schnell, stromlinienförmig, beweglich, vermittelt den Eindruck eines Mauerseglers

Schnabel:
Hakenschnabel

Stimme:
Schimpfendes »Kjü-kjü-kjü…«

Ähnliche Arten:
Turmfalke, Merlin, Wanderfalke

Der Baumfalke zieht im Sommer in die Flachlandgebiete Europas und bewohnt dort Felder und offene Waldgebiete. Seine Nahrung besteht aus großen Insekten und Vögeln, die er im Flug fängt. Im Flug ist er so geschickt, daß er auch Schwalben oder Mauersegler holt. Er nistet in verlassenen Nestern anderer Arten. Die drei Jungen schlüpfen nach 28 Tagen und sind nach 28 Tagen flügge.

Männchen

Weibchen

Altvogel (von oben)

36–48 cm

J	F	M	A	M	J
J	A	S	O	N	D

Wanderfalke

Falco peregrinus

Größe:
Ringeltauben-ähnlich

Merkmale:
Altvogel mit blauschwarzem Rücken, unterseits gelbbraun mit schwarzen Streifen, schwarzer Kopf und »Schnauzbart«, Wangen und Kinn weiß. Jungvogel oberseits braun, unterseits gestreift. Im Flug taubenartig mit langen Gleitflügen

Schnabel:
Gekrümmt

Stimme:
Schnatterndes »Kek-kek-kek…«

Ähnliche Arten:
Baumfalke

Dieser schnelle Falke lebt auf dem offenen Land. Im Winter ist er im Flachland und an Küstenmooren zu Gast. Nordeuropäische Vögel ziehen, im Süden ist der Wanderfalke seßhaft. Er schlägt seine Beute, Vögel mittlerer Größe, nach beeindruckenden Sturzflügen, bei denen er bis zu 160 km/h erreicht, oder er jagt sie in rasanten Verfolgungsflügen. Die 3–4 Jungen schlüpfen nach 29 Tagen und sind nach 35 Tagen flügge. Sie sind weitere zwei Monate von den Eltern abhängig.

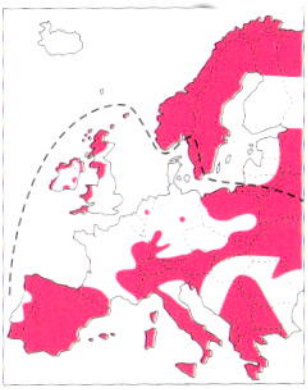

Sommerkleid

Jungvogel

Altvogel (von oben)

37–42 cm

J	F	M	A	M	J
J	A	S	O	N	D

Moorschneehuhn, Schottisches Moorschneehuhn

Lagopus lagopus

Größe:
Größer als Rebhuhn

Merkmale:
Schottisches M. (A): Männchen dunkelrotbraun mit rotem Überaugenlappen, Weibchen brauner. Nordeuropäisches M. (B): Kopf, Nacken und Hals braun, der restliche Rumpf weiß, im Winter vollständig weiß. Im Flug rasche, surrende Flügelschläge und Gleitflüge mit gebogenen Schwingen

Schnabel:
Klein, dunkel, gekrümmt

Stimme:
Schimpfend, nasal bellend, ein wenig froschartig

Ähnliche Arten:
Alpenschneehuhn, Rebhuhn, Birkhuhn

Dieses Rauhfußhuhn lebt in der Tundra, in urtümlichen Mooren und Sümpfen Nordeuropas. Die Vögel ernähren sich von Pflanzen, hauptsächlich von Heide, Weide und Birke. Sie fressen gewöhnlich am Boden, jedoch auch in Bäumen. Das Nest wird am Boden angelegt. Die 6–9 Jungen schlüpfen nach 22 Tagen und sind nach zwölf Tagen flügge. Sie werden von beiden Eltern während zwei Monaten umsorgt.

Altvogel Schottisches Moorschneehuhn

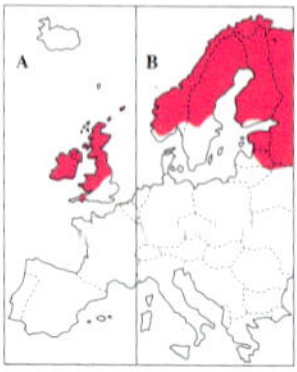

34–36 cm

J	F	M	A	M	J
J	A	S	O	N	D

Alpenschneehuhn

Lagopus mutus

Größe:
Größer als Rebhuhn

Merkmale:
Männchen im Sommer dunkelbraun, im Herbst grauer, im Winter weiß mit schwarzem Schwanz. Weibchen im Sommer braun getarnt, im Winter ähnlich Männchen. Flug mit raschen Schlägen und Gleitflug, weiße Schwingen, auch im Sommer

Schnabel:
Schwarz, an der Spitze gekrümmt

Stimme:
Quakende und rasselnde Geräusche

Ähnliche Arten:
Schottisches Moorschneehuhn

Das Alpenschneehuhn lebt in der arktischen Tundra. Es ist seßhaft, jedoch ist es manchmal gezwungen, aufgrund widriger Wetterbedingungen kurze Strecken zu ziehen. Es lebt von Pflanzenmaterial und Insekten. Das Nest ist ein flaches Loch, in das es 5–8 Eier legt. Die Jungen schlüpfen nach 21 Tagen und sind nach 10 Tagen flügge. Die Kükenaufzucht obliegt der Henne, der Hahn bleibt in der Nähe.

Männchen im Sommerkleid

40–55 cm

J	F	M	A	M	J
J	A	S	O	N	D

Birkhuhn

Tetrao tetrix

Größe:
Größer als Moorschneehuhn

Merkmale:
Männchen schwarz mit weißer Flügelbinde, unterseits weißer, leierförmiger Schwanz. Weibchen graubraun, gegabelter Schwanz, dünne Flügelbinde.
Im Flug surrende Flügelschläge und Gleitflüge, manchmal sehr hoch

Schnabel:
Klein, gekrümmt

Stimme:
Bei der Balz zischend und gurrend

Ähnliche Arten:
Schottisches Moorschneehuhn, Auerhuhn

Die Birkhähne versammeln sich im Frühling bei der Morgendämmerung zur Balz und führen dramatische Scheinkämpfe auf. Sie ernähren sich auf dem Boden, zuweilen aber auch in den Bäumen von Knospen, Beeren und Insekten. Gewöhnlich ist das Birkhuhn seßhaft, nistet auf dem Boden und legt 6–11 Eier. Die Jungen schlüpfen nach 25 Tagen. Jungvögel verlassen bald das Nest und ernähren sich selbst. Sie sind nach zehn Tagen flügge.

Balzender Birkhahn

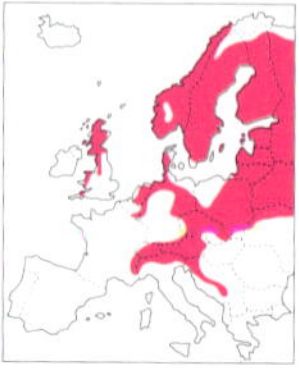

60–67 cm

J	F	M	A	M	J
J	A	S	O	N	D

Auerhuhn

Tetrao urogallus

Größe:
Größtes Rauhfußhuhn

Merkmale:
Männchen dunkelbraun und schwarz, weiße Schultern. Der lange Schwanz wird bei der Balz aufgespannt. Weibchen kleiner, braun mit dunklen Streifen, rötlicher Brustfleck. Im Flug länglich wirkend, breiter Schwanz und breite Schwingen

Schnabel:
Klein, hell, hornfarbig

Stimme:
Bei der Balz ratterndes Schnabelgeklapper, das mit einem lauten »Plopp« endet

Ähnliche Arten:
Birkhuhn

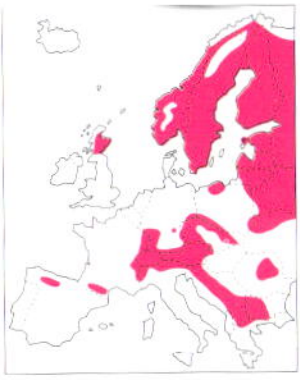

Das riesige Rauhfußhuhn bewohnt die Hochlandwälder des Nordens. Es lebt verborgen und läßt sich kaum beobachten. Männchen balzen gemeinsam und locken Weibchen im Frühling in die traditionellen Balzreviere. Sie ernähren sich am Boden und in den Bäumen von Knospen und Schößlingen. Ihr Nest legen sie am Boden an, in das 7–11 Eier gelegt werden. Junge schlüpfen nach 24 Tagen; mit drei Wochen sind sie flügge.

Balzendes Männchen

Männchen

Weibchen

Weibchen

53–89 cm

J	F	M	A	M	J
J	A	S	O	N	D

Fasan

Phasianus colchicus

Größe:
Größer als Rebhuhn

Merkmale:
Männchen mit langem Schwanz, rotes Gesicht, Kopf und Hals grün, zuweilen mit weißem Halsring. Weibchen sandbraun mit dunkleren Merkmalen. Im Flug abgerundete Schwingen, langer, spitzer, rostroter Schwanz. Fliegt mit surrenden Flügeln und im Gleitflug

Schnabel:
Klein, hell

Stimme:
Krächzendes »Krääck«

Ähnliche Arten:
Keine im Gebiet

Dieser farbenprächtige Vogel ist aus Asien in vielen Teilen Europas eingebürgert worden. Er bewohnt Landregionen mit Wäldern und Bauernhöfen. Seine Nahrung besteht aus Getreide, Früchten, Nüssen, Wurzeln, Pflanzen, Kleintieren und Insekten. Er ist seßhaft und nistet am Boden in dichter Vegetation. 6–15 Junge schlüpfen nach 23 Tagen und sind nach zwölf Tagen flügge. Sie bleiben noch zwei Monate beim Weibchen.

Männchen im Brutkleid

16–18 cm

J	F	M	A	M	J
J	A	S	O	N	D

Wachtel

Coturnix coturnix

Größe:
Starengroß

Merkmale:
Männchen sandbraun, variables Kopfmuster aus hellen und dunklen Streifen. Weibchen ähnlich, Kopfmuster weniger ausgeprägt. Im Flug flache, schnelle Flügelschläge

Schnabel:
Klein, gebogen

Stimme:
Dreisilbiges »Wick, wick-wick« meist in der Dämmerung

Ähnliche Arten:
Rebhuhn

Dieser kleine, im Verborgenen lebende Vogel kommt jedes Jahr aus Afrika nach Europa. Die Wachtel brütet abseits von Bäumen und Hecken in offenen Landgebieten. Sie ernährt sich von Samen und Insekten. Man kann sie zwar in der Morgen- und Abenddämmerung hören, meist ist sie jedoch nicht zu sehen. Das Nest wird in einem flachen Loch angelegt, in das 8–13 Eier gelegt werden. Die Jungen schlüpfen nach 17 Tagen.

Männchen

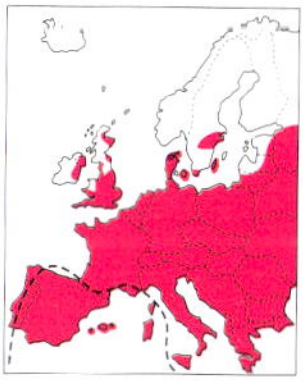

Weibchen

Männchen

32–34 cm

J	F	M	A	M	J
J	A	S	O	N	D

Rothuhn

Alectoris rufa

Größe:
Größer als Rebhuhn

Merkmale:
Altvogel schlicht, sandbraun, seitlich gestreift, schwarz-weißes Gesichtsmuster, rote Beine. Jungvögel weniger ausgeprägt gezeichnet. Im Flug schnell surrende Flügel, läuft jedoch mehr als es fliegt

Schnabel:
Rot und gebogen

Stimme:
Rhythmisches »Kchu kchu kchu…«

Ähnliche Arten:
Rebhuhn, Wachtel

Das Rothuhn bewohnt offene, häufig trockene Regionen und Ackerland und ist in Südwesteuropa heimisch. Seine Nahrung besteht aus Samen, Blättern und Insekten. Es werden mehrere Nester angelegt, von denen das Weibchen aber nur eines nutzt. Die 10–16 Eier werden nach 23 Tagen verlassen. Die Jungvögel ernähren sich vorwiegend selbst und sind nach zehn Tagen flügge. Die Rothühner haben im Jahr zwei Bruten.

Altvogel

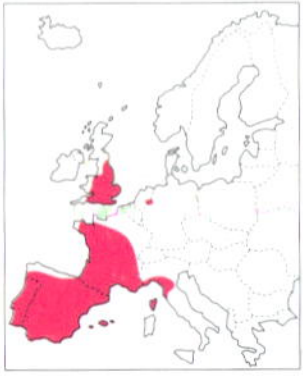

Altvögel

29–31 cm

J	F	M	A	M	J
J	A	S	O	N	D

Rebhuhn

Perdix perdix

Größe:
Kleiner als Fasan

Merkmale:
Männchen plump, braun und grau, rötliches Gesicht, dunkle Sichel auf der Brust. Weibchen wie Männchen, aber mit kleinerer oder fehlender Sichel. Im Flug schnelle Flügelschläge und Gleitflüge mit abwärts gebogenen Schwingen

Schnabel:
Hell, blaugrün, gebogen

Stimme:
Knirschendes »Kirr-rik…«

Ähnliche Arten:
Rothuhn, Fasan, Wachtel

Dieser seßhafte Vogel ist in offenen Landregionen und Ackerflächen mit Hecken oder anderen Sträuchern beheimatet. Der Bestand ist stark rückgängig, da die Hühner in der maschinengerecht ausgeräumten Kulturlandschaft keine Verstecke mehr finden. Sie ernähren sich von Pflanzenmaterial und Insekten. In das Bodennest werden 10–20 Eier gelegt. Junge schlüpfen nach 23 Tagen und sind nach 15 Tagen flügge.

Altvogel

Altvögel

23–28 cm

J	F	M	A	M	J
J	A	S	O	N	D

Wasserralle

Rallus aquaticus

Größe:
Kleiner als Teichhuhn

Merkmale:
Altvogel braun mit dunklen Streifen, blaugraue Unterseite, seitliche weiße Streifen, Schwanzunterseite weiß. Jungvogel weniger ausgeprägt gezeichnet. Im Flug herabhängende Füße

Schnabel:
Lang, leicht gebogen, rot

Stimme:
Wiederholtes »Keck keck…« und gellendes »Schweinequiecken«

Ähnliche Arten:
Teichhuhn, Wachtelkönig

Die verborgen lebende und schlanke Wasserralle lebt in dicht bewachsenen Feuchtgebieten. Kaltes Winterwetter zwingt sie gelegentlich dazu, offenere Stellen aufzusuchen. Sie zieht im Osten, ist jedoch im Süden und im Westen seßhaft. Ihre Nahrung besteht aus Pflanzen und Kleintieren, wie Fischen. Das Nest wird unter der dichten Vegetation am Boden angelegt. Die 6–11 Jungen schlüpfen nach 19 Tagen und sind nach 20 Tagen flügge.

Altvogel

Altvogel

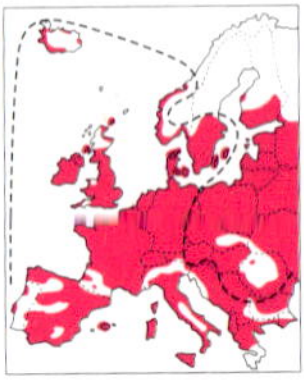

27–30 cm

J	F	M	A	M	J
J	A	S	O	N	D

Wachtelkönig

Crex crex

Größe:
Kleiner als Teichhuhn

Merkmale:
Gelbbraun mit dunklen Strichen auf dem Rücken. Im Flug kastanienbraune Schwingen, baumelnde Füße

Schnabel:
Gedrungen, gelbbraun

Stimme:
Mechanisches reibendes »Kreck-kreck…«, meist in der Abenddämmerung oder im Dunklen zu hören

Ähnliche Arten:
Wasserralle, Rebhuhn, Wachtel

Der Wachtelkönig, eine allmählich aus großen Teilen Europas verschwindende Ralle, fliegt im Frühjahr aus Afrika zu uns. Er bewohnt dichtes Grasland, Weideland und Heuwiesen. Die moderne Viehwirtschaft, bei der das Gras mit Kunstdünger »getrieben« und schon Ende Mai geschnitten wird, hat den Bestand aller Wiesenbrüter und somit auch des Wachtelkönigs zurückgedrängt. Wachtelkönige ernähren sich von Insekten und anderen Kleintieren.

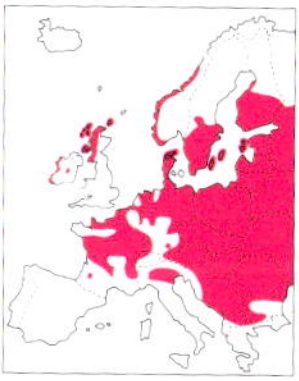

Altvogel

Altvogel

32–35 cm

J	F	M	A	M	J
J	A	S	O	N	D

Teichhuhn

Gallinula chloropus

Größe:
Kleiner als Bläßhuhn

Merkmale:
Altvogel schwarz, Schwanzunterseite weiß, weiße Streifen auf den Flanken, lange grünlichgelbe Beine, Zehen ohne Schwimmhaut. Jungvogel braun, Kehle und Kinn hell. Im Flug flatternd, Beine baumeln nach unten. Fliegt kräftiger sobald es in der Luft ist

Schnabel:
Rot mit gelber Spitze

Stimme:
Lautes »Krrück…«

Ähnliche Arten:
Bläßhuhn, Wasserralle

Das Teichhuhn hält sich verborgen am Wasser auf. Es scheint mit seinem verstohlenen Gang, den ruckhaften Schwimmbewegungen und dem zitternden Schwanz immer nervös zu sein. Teichhühner ernähren sich von einer Vielzahl von Pflanzen und Tieren. Das Nest wird im oder über Wasser angelegt. Die 5–9 Jungen schlüpfen nach 21 Tagen; sie werden von den Eltern gefüttert. Im Jahr brüten sie zwei- bis dreimal.

Altvogel

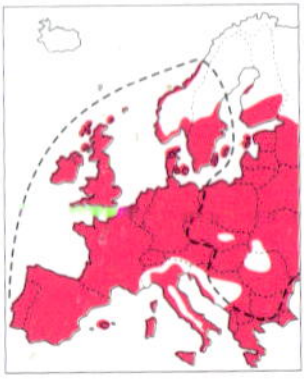

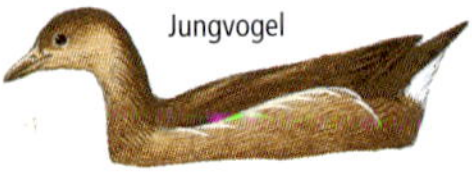

36–38 cm

J	F	M	A	M	J
J	A	S	O	N	D

Bläßhuhn

Fulica atra

Größe:
Größer als Teichhuhn

Merkmale:
Altvogel seidigschwarz mit graugrünen Beinen, langen Krallen, teilweise mit Schwimmhaut. Jungvogel grau mit hellem Gesicht und Hals. Im Flug oft mit baumelnden Beinen. Nimmt auf dem Wasser Anlauf, um in die Luft zu kommen

Schnabel:
Weiß mit weißem Schild oberhalb des Schnabels

Stimme:
Weit hörbares »Köck«

Ähnliche Arten:
Teichhuhn

Das Bläßhuhn schwimmt langsam und kopfnickend. Zeitig im Frühjahr wird ein Revier besetzt und kampfeslustig gegen Eindringlinge verteidigt. Es ernährt sich tauchend von Wasserpflanzen und Kleintieren, grast und ruht aber auch an Land. Bläßhühner sind tagsüber, aber auch nachts sehr aktiv und geräuschvoll. Das große Nest wird im flachen Wasser zwischen Pflanzen angelegt. Die 6–10 Jungen schlüpfen nach 21 Tagen.

Altvogel

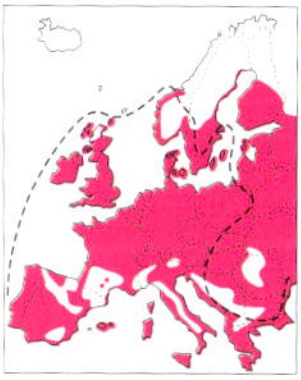

Jungvogel

Altvogel

40–45 cm

J	F	M	A	M	J
J	A	S	O	N	D

Austernfischer

Haematopus ostralegus

Größe:
Größer als Kiebitz

Merkmale:
Schwarzweiß, mit langen, roten Beinen. Winterkleid wie Sommerkleid, jedoch mit weißem Halsband. Im Flug weißer Flügelstreif auf schwarzen Schwingen

Schnabel:
Lang, orangerot

Stimme:
Piepsendes »Klep-klep…«

Ähnliche Arten:
Säbelschnäbler, Kiebitz

Dieser Küstenwatvogel nistet an einigen Stellen im Binnenland. Er ernährt sich vorwiegend von Schalentieren, insbesondere Muscheln, die er mit offenem Schnabel aus dem Schlamm gräbt. In Westeuropa zieht er in großen Schwärmen. Das Nest wird ungeschützt am Boden angelegt. Die drei Jungen schlüpfen nach 24 Tagen, sind sehr aktiv, werden aber noch von den Eltern gefüttert.

Sommerkleid

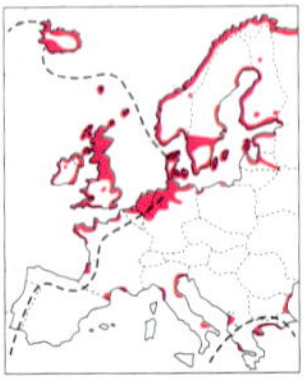

42–45 cm

J	F	M	A	M	J
J	A	S	O	N	D

Säbelschnäbler

Recurvirostra avosetta

Größe:
Wie Austernfischer

Merkmale:
Schwarzweiß, mit langen, blaugrauen Beinen, Füße mit Schwimmhäuten. Jungvogel eher dunkelbraun als schwarz auf dem Rücken. Im Flug schwarzweiß, nach hinten gestreckte Beine

Schnabel:
Nach oben gebogen, schwarz

Stimme:
Flüssiges »Klütt, klütt«

Ähnliche Arten:
Austernfischer, Brandgans

Dieser Watvogel bewohnt Tümpel und Sümpfe nahe der Küste. Die im Norden beheimateten Vögel ziehen im Winter zu geschützten Flußmündungen in Westeuropa, die anderen ziehen nach Nordafrika. Der Säbelschnäbler ernährt sich von kleinen Tieren, die er im flachen Wasser mit seinem Schnabel von der Oberfläche schöpft. Er nistet in der Nähe des Wassers. Die 2–4 Jungen schlüpfen nach 23 Tagen.

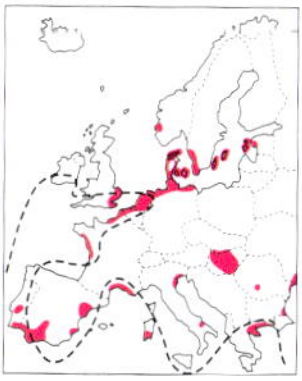

Altvogel

Altvogel

40–44 cm

J	F	M	A	M	J
J	A	S	O	N	D

Triel

Burhinus oedicnemus

Größe:
Größer als Kiebitz

Merkmale:
Sandbraun mit dunkleren Streifen, rundlicher Kopf, große, gelbe Augen und lange, dicke Beine. Im Flug dunkle Schwingen mit deutlichem weißen Flügelstreif

Schnabel:
Kurz, gelbe Wurzel

Stimme:
Brachvogelähnliches »Kuuh-wie«, oft im Dunkeln zu hören

Ähnliche Arten:
Goldregenpfeifer

Der Triel kommt in Halbwüsten, Steppen, auf Weiden und Feldern vor, ist aber in Mitteleuropa bereits ziemlich zurückgedrängt worden. Oft steht er aufrecht und getarnt auf steinigen Feldern und anderen flachen, offenen Landschaften. Abends und nachts ist er am aktivsten und ernährt sich meist dann von Insekten und ihren Larven. Er nistet am Boden. Die beiden Jungen schlüpfen nach 24 Tagen.

Altvögel am Nest

Altvogel

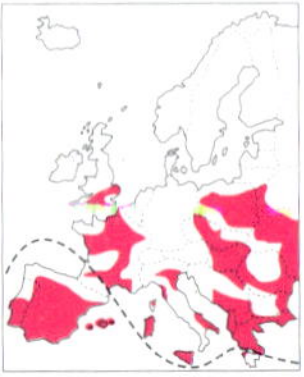

18–20 cm

J	F	M	A	M	J
J	A	S	O	N	D

Sandregenpfeifer

Charadrius hiaticula

Größe:
Kleiner als Rotschenkel

Merkmale:
Altvogel braunweiß, schwarzweißes maskenähnliches Kopfmuster, schwarzes Brustband, orange Beine. Jungvogel geschuppt gezeichneter Rücken, unfertiges Brustband. Im Flug deutlicher weißer Flügelstreif

Schnabel:
Gelb und schwarz

Stimme:
Pfeifendes »Tüü-ipp«

Ähnliche Arten:
Flußregenpfeifer, Mornellregenpfeifer

Dieser Vogel ernährt sich auf die für Regenpfeifer typische Art: Zuerst läuft er kurz an, federt blitzschnell mit seinem Körper vor und pickt nach Insekten oder anderen Kleintieren am Boden. Er brütet vorwiegend nahe der Küste und im Norden am Süßwasser.
In Nordeuropa ist er Sommergast, weiter südlich ist er Wintergast, im Westen ist er seßhaft. Er nistet am Boden, meist zwischen Steinen, und legt 3–4 Eier, die nach 24 Tagen verlassen werden.

Sommerkleid

14–15 cm

J	F	M	A	M	J
J	A	S	O	N	D

Flußregenpfeifer

Charadrius dubius

Größe:
Kleiner als Sandregenpfeifer

Merkmale:
Altvogel braunweiß mit schwarzweißer Gesichtsmaske, gelber Augenring, gelbliche Beine. Jungvogel schuppenartig gezeichneter Rücken, unvollständiges Brustband. Im Flug ohne Flügelstreif

Schnabel:
Klein und dunkel

Stimme:
Flötend »ppii-uh«

Ähnliche Arten:
Sandregenpfeifer

Der Flußregenpfeifer bewohnt Regionen, in denen es Sand, Kies oder anderen bloßen Boden gibt. Dabei hält er sich gewöhnlich von der Küste fern, bleibt aber in der Nähe von Gewässern. Als Nahrung dienen ihm Insekten und andere Kleintiere. Das Männchen baut mehrere Erdlöcher, von denen sich das Weibchen eines aussucht und vier Eier hineinlegt. Die Jungen schlüpfen nach 24 Tagen und sind nach 25 Tagen flügge.

Altvogel

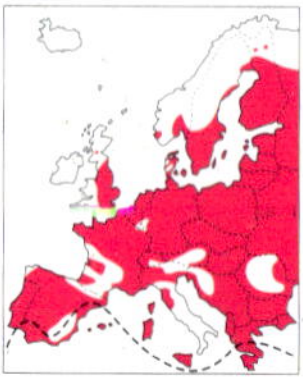

Jungvogel

Altvogel

20–25 cm

J	F	M	A	M	J
J	A	S	O	N	D

Mornellregenpfeifer

Charadrius morinellus

Größe:
Kleiner als Kiebitz

Merkmale:
Sommerkleid: kastanienfarbener Bauch, weiße Überaugenstreifen, die sich hinter dem Kopf treffen, helles Brustband. Herbstkleid: brauner und weniger ausgeprägt. Weibchen heller als Männchen. Im Flug schnell, ohne Flügelstreif

Schnabel:
Kurz, schwarz

Stimme:
Sanftes Piepen

Ähnliche Arten:
Goldenregenpfeifer

Dieser Regenpfeifer lebt in nördlichen Regionen häufig auf kleinen Hochplateaus mit spärlicher Vegetation jenseits des Baumgürtels. Er überwintert in Nordafrika, kehrt aber zurück, sobald die Brutstätten eisfrei sind. Auf seinem Wanderweg rastet er seit jeher an traditionellen Futterplätzen. Er fängt Fliegen, Käfer und andere Insekten. Meist nistet er auf dem blanken Boden. Die drei Eier werden vom Männchen bebrütet.

Sommerkleid

Weibchen im Frühling

26–29 cm

J	F	M	A	M	J
J	A	S	O	N	D

Goldregenpfeifer

Pluvialis apricaria

Größe:
Kleiner als Kiebitz

Merkmale:
Sommerkleid mit braunem Rücken und gelben Flecken, Brust und Hals schwarz, Gesicht variabel schwarz gefärbt. Winterkleid ohne schwarze Unterseite, Rücken weniger gelb. Im Flug weiße Flügelunterseite, schwarze Flügeloberseite, leichter Flügelstreif

Schnabel:
Klein, schwarz

Stimme:
Kurz flötend »pijüh«

Ähnliche Arten:
Kibitzregenpfeifer, Mornellregenpfeifer

Dieser Regenpfeifer brütet in Bergregionen und in der nördlichen Tundra. Im Winter zieht er in flaches Agrarland in Süd- und Westeuropa, wo sich manchmal Hunderte oder sogar Tausende versammeln. Er ernährt sich von Käfern, Würmern und Pflanzenmaterial. Das Nest wird auf dem Boden angelegt. Die vier Jungvögel schlüpfen nach 26 Tagen. Die Jungen werden von den Eltern umsorgt.

Brutkleid

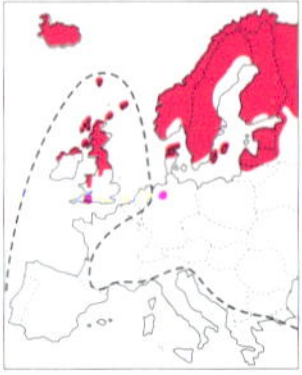

27–30 cm

J	F	M	A	M	J
J	A	S	O	N	D

Kiebitzregenpfeifer

Pluvialis squatarola

Größe:
Etwas größer als Goldregenpfeifer

Merkmale:
Sommerkleid mit schwarzem Bauch, Vorderhals und Gesicht. Grau gesprenkelter Rücken. Winterkleid: oberseits grau gepunktet, unterseits hellgrau. Im Flug weißer Bürzel, weißer Flügelstreif, schwarze »Achselhöhlen«

Schnabel:
Kurz, schwarz

Stimme:
Klagend, weit hörbares »Weh-oh-weh«

Ähnliche Arten:
Goldregenpfeifer

Dieser schwarzweiß und grau gezeichnete Regenpfeifer brütet im hohen arktischen Norden und überwintert an schlammigen Meeresküsten und Flußmündungen. Im Sommer ernährt er sich von Insekten, im Winter von Würmern, Weichtieren und Krustentieren. Die Vögel fressen gewöhnlich allein, versammeln sich jedoch zu großen Gruppen, wenn die Futterstellen bei Flut unter Wasser liegen.

Brutkleid

28–31 cm

J	F	M	A	M	J
J	A	S	O	N	D

Kiebitz

Vanellus vanellus

Größe:
Kleiner als Ringeltaube

Merkmale:
Dunkelmetallischgrün sowie weiß und orange unter dem Schwanz. Langer, dünner Schopf, lange Beine. Jungvogel mit kürzerem Schopf, gelbbraunen Federspitzen auf dem Rücken. Im Flug breite, abgerundete, schwarze und weiße Schwingen. Ziemlich elastischer Flug

Schnabel:
Schwarz, gedrungen

Stimme:
Pfeifendes, langgedehntes »Piiih-wit«

Ähnliche Arten:
Keine im Gebiet

Der Kiebitz brütet in offenen, flachen Landregionen. Er vollführt über seinem Territorium kunstvolle und geräuschvolle Flugspiele. Nach dem Nisten suchen die Vögel geeignete frostfreie Futterplätze. Neben den regulären Wanderungen ist der Kiebitz oft durch widrige Witterungsbedingungen zu weiteren Standortwechseln gezwungen. Die vier Jungen schlüpfen nach 26 Tagen und sind nach etwa 35 Tagen flügge.

Altvogel im Frühling

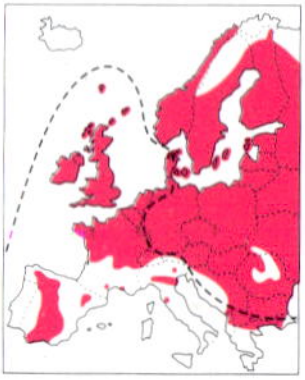

23–25 cm

J	F	M	A	M	J
J	A	S	O	N	D

Knutt

Calidris canutus

Größe:
Kleiner als Rotschenkel

Merkmale:
Plump mit kurzem Hals und mittelgroßen schwarzen Beinen. Sommerkleid unterseits ziegelrot, flitternder, grauer Rücken. Winterkleid: grauerer Rücken, unterseits grau. Im Flug mattblasser Flügelstreif

Schnabel:
Mittelgroß,schwarz

Stimme:
Laut »knutt«

Ähnliche Arten:
Alpenstrandläufer, Sanderling, Meerstrandläufer

Der Knutt, die größte Strandläuferart, brütet in der Arktis und zieht weite Strecken. Vögel, die sich an den westeuropäischen Flußmündungen versammeln, sind entweder Zugvögel aus Sibirien auf dem Weg nach Afrika oder Wintergäste aus Grönland und Kanada. Bei Flut übernachten sie auf der oberen Küste oder auf nahegelegenen Feldern. In Europa sieht man sie nur an der Küste. Sie brüten in der Stein- und Flechtentundra.

Winterkleid

20–21 cm

J	F	M	A	M	J
J	A	S	O	N	D

Sanderling
Calidris alba

Größe:
Kleiner als Sandregenpfeifer

Merkmale:
Sommerkleid: Rücken, Kopf und Brust rötlichbraun, weiße Unterseiten. Winterkleid: hellgrauer Rücken, weiße Unterseiten, oft mit schwarzer Zeichnung auf Flügelvorderseite, schwarze Beine. Im Flug dunkle Schwingen, breiter, weißer Flügelstreif

Schnabel:
Schwarz, mittelgroß

Stimme:
Leise »kripp«

Ähnliche Arten:
Alpenstrandläufer, Knutt, Zwergstrandläufer

In Europa besucht der Sanderling sandige Strände. Er läuft meist wie ein Aufziehspielzeug am Wasserrand hin und her oder erforscht den Sand an kleinen Prielen, die die Flut zurückgelassen hat. Als Nahrung dienen ihm kleine Wirbellose. Der Sanderling brütet hoch in der Arktis. Das Weibchen hat manchmal zwei Gelege, von denen eins das Männchen ausbrütet. Die Gäste in Europa sind meist Zugvögel aus Grönland oder Sibirien.

Winterkleid

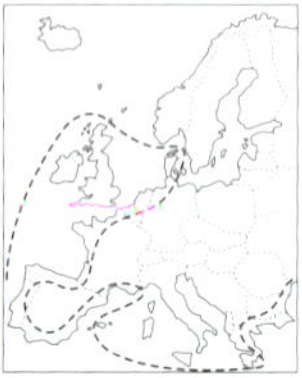

Sommerkleid

Winterkleid

12–14 cm

J	F	M	A	M	J
J	A	S	O	N	D

Zwergstrandläufer

Calidris minuta

Größe:
Kleiner als Alpenstrandläufer

Merkmale:
Sommerkleid: rötlichbraun mit helleren Unterseiten. Winterkleid: geschuppter, grauer Rücken, helle Brust. Jungvogel brauner, schuppiger Rücken mit hellem V-Muster. Im Flug weißer Flügelstreif, weiße Seiten bis zum Bürzel und Schwanz

Schnabel:
Kurz, schwarz, zart

Stimme:
Kurzes scharfes »Tit«

Ähnliche Arten:
Alpenstrandläufer, Flußuferläufer

Der Zwergstrandläufer, der kleinste europäische Strandläufer, brütet in der arktischen Tundra. Er zieht nach Mittel- und Südafrika, wobei er auf breiter Front Europa durchquert. Die jüngeren ziehen dabei weiter westlich. Er ernährt sich von Wirbellosen, vorwiegend Fliegen und Käferlarven, die er mit einer flinken Bewegung aufnimmt. Man sieht diesen Schnepfenvogel an schlammigen Tümpelrändern oder an brackigen Tümpeln an der Küste.

Jungvogel

20–22 cm

J	F	M	A	M	J
J	A	S	O	N	D

Meerstrandläufer

Calidris maritima

Größe:
Kleiner als Steinwälzer

Merkmale:
Sommerkleid grau geschuppt mit kastanienbraunem Rücken, dunklem Kopf, stark gestreifter Brust und Streifen auf der Seite. Winterkleid schiefergrau mit hellerem Bauch. Beine sind recht kurz und gelb. Im Flug weiße Seiten bis zum Bürzel, blasser Flügelstreif

Schnabel:
Lang, dunkel mit gelber Wurzel

Stimme:
Gewöhnlich schweigsam, im Flug »weet-wit«, schwalbenartiges Zwitschern

Ähnliche Arten:
Steinwälzer

Dieser Strandläufer bewohnt felsige Küsten. Man sieht ihn jedoch auch oft auf von Menschenhand erzeugten Gegenständen, wie Wellenbrechern, sitzen. Er ernährt sich von Wirbellosen, die er vom Wasserrand oder von frisch angespültem Tang pickt. Das Nest wird auf dem freien Boden in der Arktis oder den skandinavischen Hochländern angelegt. Die vier Jungen schlüpfen nach 21 Tagen und werden vom Männchen umsorgt.

Winterkleid

18–19 cm

J	F	M	A	M	J
J	A	S	O	N	D

Sichelstrandläufer

Calidris ferruginea

Größe:
Ähnlich dem Alpenstrandläufer

Merkmale:
Weißer Bürzel, längere Beine und längerer Hals als Alpenstrandläufer. Sommerkleid ziegelrot, gesprenkelter Rücken. Herbstkleid grau und weiß wie beim Alpenstrandläufer, weißer Überaugenstreif. Im Flug weißer Flügelstreif, weißer Bürzel

Schnabel:
Lang, abwärts gebogen

Stimme:
Zwitscherndes »Krilli«

Ähnliche Arten:
Alpenstrandläufer, Knutt

Dieser Langstrecken-Zugvogel brütet in Sibirien. Einige überwintern in Mittel- und Südafrika, andere fliegen nach Südostasien oder Australien. Vögel, die auf ihrem Zug durch Europa kommen, machen gelegentlich an schlammigen oder sandigen Küsten, Salzwiesen oder an Ufern von Binnenseen Halt. Vor dem Zug steigt ihr Körpergewicht von 50 auf 83 g, so daß sie 3000 km nonstop fliegen können.

Winterkleid

16–20 cm

J	F	M	A	M	J
J	A	S	O	N	D

Alpenstrandläufer

Calidris alpina

Größe:
Kleiner als Rotschenkel

Merkmale:
Ziemlich buckelig. Sommerkleid rötlichbraun, gepunkteter Rücken, Kopf und Hals grau, schwarzer Bauch. Winterkleid: Kopf und Oberseite graubraun, unterseits hell. Jungvogel mit braunerem Rücken, geschuppt, gestreifte Brust. Im Flug weißer Flügelstreif, weiße Seiten bis zum Bürzel

Schnabel:
Schwarz, variable Länge, an der Spitze oft herabgebogen

Stimme:
Im Flug rauhes »Triihp«

Ähnliche Arten:
Zwergstrandläufer, Knutt, Flußuferläufer

Die Größe der Alpenstrandläufer ist recht variabel. Der Schnabel und die Beine der im Norden brütenden Vögel sind kürzer als bei den im Süden brütenden Vögeln. Sie versammeln sich in großen Schwärmen an Meeresküsten und Flußmündungen. Der Alpenstrandläufer brütet an Hochlandmooren und an Küstenwiesen im Norden. Er nistet am Boden. Seine vier Jungen schlüpfen nach 21 Tagen und sind nach 20 Tagen flügge.

Winterkleid

20–30 cm

J	F	M	A	M	J
J	A	S	O	N	D

Kampfläufer

Philomachus pugnax

Größe:
Männchen ähnlich Rotschenkel, Weibchen kleiner

Merkmale:
Lange Beine, kleiner Kopf, buckliger Rücken. Brütendes Männchen mit lockerer Halskrause. Nichtbrütendes Männchen schuppenartiger, graubrauner Rücken, Kopf und Brust gelbbraun, unterseits weiß. Weibchen wie kleines, nichtbrütendes Männchen. Im Flug langflügelig, lockerer Schlag, weiße Ovale auf dem Schwanz

Schnabel:
Kurz, nach unten weisend

Stimme:
Gewöhnlich schweigsam

Ähnliche Arten:
Rotschenkel, Grünschenkel

Mit farbenfreudigem, aufgestelltem Federbüschel und Kragen fechten die Kampfläufer-Männchen in der Balzarena Scheinturniere aus. Die Weibchen paaren sich letztendlich mit den erfolgreichsten Männchen; meist sind es die Schwarzgefiederten. Die Kampfläufer sind Sommergäste an Binnensümpfen, Steppen und Feuchtwiesen. Die meisten überwintern in Afrika. Sie fressen vorwiegend Insekten und ihre Larven.

Männchen im Winterkleid

Männchen, verschiedene Sommervarianten

Winterkleid

17–19 cm

J	F	M	A	M	J
J	A	S	O	N	D

Zwergschnepfe

Lymnocryptes minimus

Größe:
Kleiner als Bekassine

Merkmale:
Großer Kopf, dunkelbraun mit dunkleren und helleren Markierungen, insbesondere zwei gelbliche Streifen auf Rücken und Haube

Schnabel:
Lang (jedoch nicht so lang wie bei Bekassine), gerade, hell mit dunkler Spitze

Stimme:
Gewöhnlich schweigsam

Ähnliche Arten:
Bekassine

Die Zwergschnepfe lebt an verborgenen Standorten. Nur widerwillig fliegt sie auf, wenn sie aufgeschreckt wird. Sie verläßt sich zu ihrem Schutz lieber auf ihre Tarnung. Wenn sie dennoch auffliegt, geschieht dies leise, und gewöhnlich landet sie kurz darauf wieder. Sie brütet in den Sümpfen des Nordostens und überwintert in Westeuropa und Afrika. Sie frißt Insekten, Würmer und Samen. Die vier Jungen schlüpfen nach 24 Tagen.

Altvogel

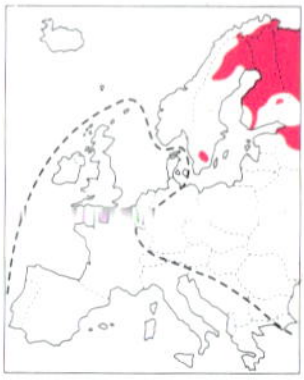

Altvögel

25–27 cm

J	F	M	A	M	J
J	A	S	O	N	D

Bekassine

Gallinago gallinago

Größe:
Etwas größer als Rotschenkel

Merkmale:
Kurze Beine, braun mit dunkleren Zeichnungen und gelbbraunen Streifen, gelbbrauner Streifen durch Scheitelmitte. Im Flug zickzackförmig bei Störung

Schnabel:
Sehr lang, gerade

Stimme:
Scharfes »Kätsch« im Flug, Frühlingsgesang »Tick-a, tick-a, tick-a...«

Ähnliche Arten:
Zwergschnepfe, Waldschnepfe

Die Bekassine stochert mit ihrem Schnabel nach Würmern und anderem, im weichen Schlamm verborgenem Getier. Beim Balzflug läßt sie sich fallen, wobei die Steuerfedern an ihrem Schwanz ein charakteristisches Brummen erzeugen. Die Zugvögel verlassen Nordeuropa im Herbst und überwintern in feuchten Feldern und Sümpfen im Westen und Süden. Die vier Jungen schlüpfen nach 18 Tagen und sind 19 Tage später flügge.

Altvogel

Altvögel

33–35 cm

J	F	M	A	M	J
J	A	S	O	N	D

Waldschnepfe

Scolopax rusticola

Größe:
Größer als Bekassine

Merkmale:
Plump, dunkelrötlichbraun mit zarten, dunkleren Strichen, dunklere Streifen über dem Scheitel. Im Flug bei der Balz dicht über den Baumkronen, Schnabel zeigt nach unten, eulen- oder fledermausartig, der Flugweg wird oft wiederholt

Schnabel:
Sehr lang und gerade

Stimme:
Der Balzruf ist eine Serie tiefer, murrender Laute, gefolgt von einem scharfen »Twisick«

Ähnliche Arten:
Bekassine

Dieser geheimnisvolle Vogel bewohnt Waldgebiete mit feuchten Regionen. Im Frühling werben die Männchen um Weibchen, indem sie sehr langsam fliegen und dabei mit tiefer Stimme rufen. Die aus Nordeuropa stammenden Waldschnepfen ziehen im Herbst nach Süden und Westen. Das Nest wird am Boden zwischen niedriger Vegetation angelegt. Vier Junge schlüpfen nach 22 Tagen. Sie können vom zehnten Tag an fliegen.

Altvogel

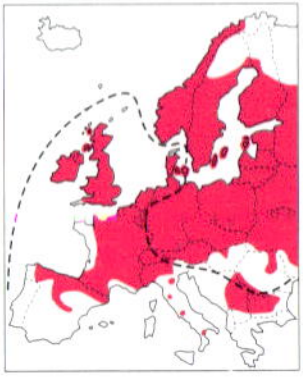

Altvögel

40–44 cm

J	F	M	A	M	J
J	A	S	O	N	D

Uferschnepfe

Limosa limosa

Größe:
Wie Austernfischer

Merkmale:
Sommerkleid beim Männchen ziegelrot, gesprenkelter Rücken, gestreifte Brust, weißer Bauch, beim Weibchen weniger farbenfreudig. Winterkleid oberseits grau, hellere Unterseiten, heller Überaugenstreif. Jungvogel wie Altvogel im Winterkleid, jedoch mit gelbbraunerem, schuppenartigem Rücken. Im Flug schwarzer Schwanz, weißer Bürzel, weiße Flügelstreifen

Schnabel:
Sehr lang und gerade

Stimme:
Hastig »ki-wi-ki-wi«

Ähnliche Arten:
Pfuhlschnepfe, Dunkler Wasserläufer

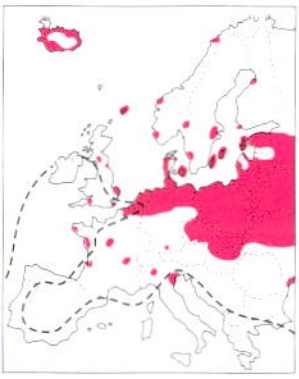

Dieser Vogel brütet auf Feuchtwiesen, feuchtem Heide- oder Moorland. Ansonsten findet man ihn an geschützten Küsten und Flußmündungen. Die Uferschnepfe ernährt sich von Insekten und ihren Larven, Würmern, Samen und anderem Pflanzenmaterial. Die europäischen Vögel überwintern in Süd- und Westeuropa oder Afrika. Ihre 3–4 Jungen schlüpfen nach 22 Tagen und werden von beiden Eltern umsorgt.

Winterkleid

Sommerkleid

Winterkleid

37–39 cm

J	F	M	A	M	J
J	A	S	O	N	D

Pfuhlschnepfe

Limosa lapponica

Größe:
Kleiner als Uferschnepfe

Merkmale:
Frühlingskleid beim Männchen: Kopf, Hals und Unterteile kräftig rötlichbraun, graubrauner, schuppenartiger Rücken, beim Weibchen etwas stärker rotbraun als im Winter. Winterkleid. oberseits graubraun gestreift, unterseits heller und weniger stark gestreift. Im Flug ohne Flügelstreif, Rücken und Bürzel weiß

Schnabel:
Sehr lang, leicht aufwärts gebogen

Stimme:
Tiefes »Kihruck«

Ähnliche Arten:
Uferschnepfe, Regenbrachvogel

Dieser große Watvogel brütet in der Hocharktis und besucht nach dem Brüten die Küsten Südwesteuropas und Afrikas. Mit seinem langen Schnabel stochert er nach Insekten, Weichtieren, Krustentieren und Meereswürmern. Dabei gelangt die Pfuhlschnepfe oft an Sandstrände. Einige nahrungsreiche Gebiete werden von einer großen Anzahl von Vögeln belagert, die beim Fressen gerne verteilt stehen. Bei Flut bilden sie jedoch kleine Gruppen.

Winterkleid

Sommerkleid

Winterkleid

40–42 cm

J	F	M	A	M	J
J	A	S	O	N	D

Regenbrachvogel

Numenius phaeopus

Größe:
Kleiner als der Große Brachvogel

Merkmale:
Braun, gestreift, mit hellem Streifen durch Scheitelmitte und hellem Überaugenstreif. Im Flug V-förmiger Bürzel

Schnabel:
Abwärts gebogen, kürzer als beim Großen Brachvogel

Stimme:
Reihe von etwa 7 kurzen, scharfen Pfiffen

Ähnliche Arten:
Großer Brachvogel, Pfuhlschnepfe

Dieser kleine Brachvogel ist ein Langstrecken-Zugvogel, brütet im hohen Norden und zieht bis weit nach Südafrika. Einige besuchen auf ihrem Zug die Küste, andere fliegen durch Europa. Regenbrachvögel brüten im offenen Land, oft in Torfmooren oder in der Tundra. Sie ernähren sich von Insekten, Beeren und Meerestieren. Die 3–4 Jungen schlüpfen nach 27 Tagen, ernähren sich selbst und sind nach 35 Tagen flügge.

Altvogel

Altvögel

50–60 cm

J	F	M	A	M	J
J	A	S	O	N	D

Großer Brachvogel

Numenius arquata

Größe:
Größter europäischer Watvogel

Merkmale:
Graubraun mit dunkleren Streifen und anderen Zeichen, nicht betontes Kopfmuster. Im Flug heller V-förmiger Bürzel

Schnabel:
Sehr lang, abwärts gebogen, beim Männchen kürzer

Stimme:
Sprudelndes »Kurr-li«

Ähnliche Arten:
Regenbrachvogel

Der übersprudelnde Gesang ist weit über hochgelegene Wiesen und Moorgebiete, den Brutplätzen des Großen Brachvogels, zu hören. Er stochert bei Ebbe im Watt und auf Sandbänken nach Würmern, Krabben und anderen Krustentieren. Das Nest wird am Boden zwischen niedrigen Pflanzen angelegt. Die vier Eier werden 27 Tage bebrütet. Die Jungvögel ernähren sich selbst, und sie sind nach etwa 32 Tagen flügge.

Altvogel

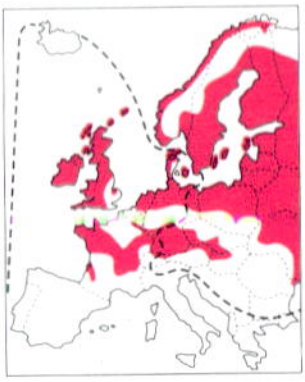

Altvögel

29–31 cm

J	F	M	A	M	J
J	A	S	O	N	D

Dunkler Wasserläufer

Tringa erythropus

Größe:
Größer als Rotschenkel

Merkmale:
Brutkleid: samtweicher, gepunkteter Rücken. Winterkleid: grau mit weißen Unterseiten, schuppenartiger Rücken, heller Überaugenstreif. Jungvogel: grauer, gepunkteter Rücken, gestreifte Unterseiten. Im Flug weiße Flügelunterseiten, dunklere Oberseiten mit ovalem, weißem Fleck auf dem Rücken

Schnabel:
Lang und rötlich

Stimme:
Im Flug »tjü-it«

Ähnliche Arten:
Rotschenkel, Uferschnepfe

Dieser Watvogel sieht in seinem Brutkleid besonders hübsch aus. Er nistet im hohen Norden Europas und besucht südlich gelegene Küsten und im Binnenland Teiche und schlammige Tümpel, entweder auf der Durchreise oder als Wintergast. Er jagt Meerestiere, Insekten und Fische. Der Brutplatz befindet sich in feuchten, moorigen, oft bewaldeten Gebieten. Die Brutpflege wird zum größten Teil vom Männchen übernommen.

Winterkleid

27–29 cm

J	F	M	A	M	J
J	A	S	O	N	D

Rotschenkel

Tringa totanus

Größe:
Kleiner als Kiebitz

Merkmale:
Sommerkleid olivbraun, Kopf und Brust stark gestreift, unterseits gestreift. Winterkleid sieht einheitlicher aus. Beine lang und rot. Im Flug weiße, herabhängende Flügelränder, weißer Bürzel

Schnabel:
Schmal, mittellang mit roter Wurzel

Stimme:
Flötendes »Tjüh«, mehrmals hintereinander »Tjüp«

Ähnliche Arten:
Dunkler Wasserläufer, Grünschenkel, Kampfläufer

Dieser geräuschvolle, oft sichtbare Watvogel nistet in Feuchtwiesen, Weideland und Sümpfen, auch Salzsümpfen. Im Winter findet man den Rotschenkel nahe am Meer. Er ernährt sich von Krabben, Schnecken und Würmern. Seiner Beute stellt er mit ruckartigen Bewegungen nach. Das Nest wird im Gras angelegt. Die vier Jungen schlüpfen nach 24 Tagen. Die Jungen werden von beiden Eltern umsorgt und sind nach 25–35 Tagen flügge.

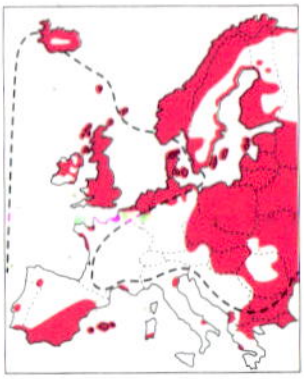

Winterkleid

Sommerkleid

30–33 cm

J	F	M	A	M	J
J	A	S	O	N	D

Grünschenkel

Tringa nebularia

Größe:
Größer als Rotschenkel

Merkmale:
Steht aufrecht, grünlichgrauer Rücken, weiße Brust und gepunktete Unterseite im Sommer. Beine lang und grünlich. Im Flug dunkle Schwingen, weißes »V« auf dem Rücken

Schnabel:
Lang, leicht aufwärts gebogen

Stimme:
Flötendes »Tjüh-tjüh-tjüh...«

Ähnliche Arten:
Rotschenkel, Dunkler Wasserläufer, Kampfläufer

Dieser Watvogel bewohnt im Norden gelegene Sumpfgebiete mit Baumbeständen in der Nähe. Im Sommer zieht er nach Nordeuropa und besucht auf der Durchreise auch Seen und Flußmündungen. Man sieht ihn gewöhnlich allein oder in kleinen Gruppen. Einige wenige bleiben den Winter über in Europa. Er frißt Insekten, Krustentiere und Fische. Die vier Jungen schlüpfen nach 24 Tagen und sind nach 25 Tagen flügge.

Winterkleid

Sommerkleid

21–24 cm

J	F	M	A	M	J
J	A	S	O	N	D

Waldwasserläufer

Tringa ochropus

Größe:
Kleiner als Rotschenkel

Merkmale:
Sommerkleid auf dem Rücken dunkel gesprenkelt. Winterkleid mit weniger Sprenkeln. Beine grünlichgrau. Im Flug Schwingen vollständig dunkel

Schnabel:
Mittellang, dunkel

Stimme:
Im Flug »hüjit-a-hüjit-hüjit...«

Ähnliche Arten:
Bruchwasserläufer, Flußuferläufer

Dieser Watvogel nistet gewöhnlich in verlassenen Nestern anderer Vögel, in feuchten Waldgebieten in der Nähe von fließenden Gewässern. Als Nahrung dienen ihm Insekten und andere Wirbellose. Er brütet in Nordeuropa und zieht nach Südafrika. Gelegentlich überwintert er am Ufer von Süßgewässern in Süd- und Westeuropa. Die vier Jungen schlüpfen nach 20 Tagen, ernähren sich selbst und sind nach 28 Tagen flügge.

Winterkleid

Sommerkleid

19–21 cm

J	F	M	A	M	J
J	A	S	O	N	D

Bruchwasserläufer

Tringa glareola

Größe:
Kleiner als Rotschenkel

Merkmale:
Braun mit gepunktetem Rücken, hellen Unterseiten und weißem Überaugenstreif. Beine gelblich. Im Flug ragen Füße hinter dem Schwanz hervor, Flügelunterseite hell, weißer Bürzel, weniger kontrastreich als Waldwasserläufer

Schnabel:
Mitteldunkel

Stimme:
Im Flug pfeifend »jiff-jiff«

Ähnliche Arten:
Waldwasserläufer, Flußuferläufer

Der im Norden brütende Bruchwasserläufer ist auf der Durchreise nach Mittel- und Südafrika in Südeuropa zu Gast. Im Spätsommer ernähren sich die Vögel nur noch von Insekten und erhöhen so ihr Körpergewicht um 20–30 Prozent, so daß sie die Mittelmeerländer und die Sahara im Nonstopflug erreichen können. Die Vögel legen ihr Nest am Boden an. Die vier Jungvögel schlüpfen nach 22 Tagen und sind nach 30 Tagen flügge.

Winterkleid

Jungvogel

19–21 cm

J	F	M	A	M	J
J	A	S	O	N	D

Flußuferläufer

Actitis hypoleucos

Größe:
Kleiner als Rotschenkel

Merkmale:
Wippender Gang, unterseits braun, unterseits weiß, weißer Schulterfleck, brauner Fleck an den Brustflanken, Beine ziemlich kurz, grau oder gelblich. Im Flug flattern Flügel unter dem Körper, sie scheinen oft gebeugt zu sein. Weiße Flügelstreifen, weiße Seiten bis zum Schwanz

Schnabel:
Mittelgroß, hornfarben

Stimme:
Schrilles »Tiih-wi-wi«

Ähnliche Arten:
Alpenstrandläufer, Waldwasserläufer, Bruchwasserläufer

Der Flußuferläufer ist ein Sommergast in vielen süßwasserreichen Teilen Europas, insbesondere an schnell fließenden Flüssen und Strömen, die sich in Meereshöhe oder hoch in den Bergen befinden. Sein Winterquartier hat er in Afrika. Er ernährt sich von Insekten. Das Nest legt er gewöhnlich am Boden unter den Pflanzen an. Die vier Jungen schlüpfen nach 21 Tagen. Sie sind nach etwa 26 Tagen flügge.

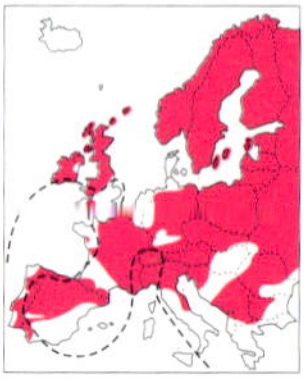

Altvogel

Sommerkleid

22–24 cm

J	F	M	A	M	J
J	A	S	O	N	D

Steinwälzer

Arenaria interpres

Größe:
Größer als Sandregenpfeifer

Merkmale:
Sommerkleid: kastanienfarbener und schwarzer Rücken, Kopf und Brust schwarz und weiß, weißer Bauch. Winterkleid: schwärzlicher Kopf und Rücken, unterseits weiß. Beine rötlich. Im Flug auffällige weiße Zeichnung auf Flügeln, Rücken, Bürzel und Schwanz

Schnabel:
Kurz, robust, schwarz

Stimme:
Zwitscherndes »Küttüttütt«

Ähnliche Arten:
Austernfischer, Sandregenpfeifer, Rotschenkel

Der Steinwälzer pickt, stochert und schnappt nach Insekten, wozu er in typischer Weise mit seinem Schnabel Steine wendet und Tang beiseite schiebt. Er brütet an arktischen Küsten und zieht im Winter zu anderen Felsenküsten bis hin nach Afrika. Vier Junge schlüpfen nach 22 Tagen. Beide Eltern kümmern sich um die Jungen, doch trennt sich das Weibchen, bevor sie nach 20 Tagen flügge sind.

Winterkleid

18–19 cm

J	F	M	A	M	J
J	A	S	O	N	D

Odinshühnchen

Phalaropus lobatus

Größe:
Wie Sandregenpfeifer

Merkmale:
Sommerkleid beim Weibchen: grauer Kopf, weißes Kinn, kastanienfarbener Hals, dunkler Rücken mit goldenen Zeichnungen. Winterkleid grau und weiß mit dunklem Augenfleck und dunklem Scheitel. Jungvogel: bräunlicher Rücken mit gelbbraunen Streifen, gelbbraune Brust. Im Flug schnell tanzend, weißer Flügelstreif, weiße Flanken

Schnabel:
Lang, fein und schwarz

Stimme:
Tiefes »Twick«

Ähnliche Arten:
Alpenstrandläufer

Das Odinshühnchen dreht sich schwimmend im Kreis, um Plankton und kleines Getier aufzuwirbeln. Im Sommer ist es an kleinen Teichen im hohen Norden zu Hause. Es überwintert am Persischen Golf. Auf seinem Zug ist es auch an Küsten und Binnenseen zu Gast. Die vier Eier werden vom Männchen bebrütet, das besser als das Weibchen getarnt ist. Die Jungen schlüpfen nach 17 Tagen und werden vom Männchen umsorgt.

Weibchen im Sommerkleid

46–51 cm

J	F	M	A	M	J
J	A	S	O	N	D

Spatelraubmöwe

Stercorarius pomarinus

Größe:
Kleiner als Silbermöwe

Merkmale:
Altvogel mit verlängerten, löffelförmigen Mittelschwanzfedern. Helles Kleid, oberseits dunkel, mit hellen Unterseiten und dunklem Scheitel. Jungvogel gewöhnlich dunkel und stark gestreift, etwas heller, hat keine langen Mittelschwanzfedern. Im Flug dunkle Brust, schwerer Rumpf, Flügel mit weißem Feld und hellen oder dunklen Unterseiten

Schnabel:
Dunkel, wirkt schwer

Stimme:
Gewöhnlich schweigsam

Ähnliche Arten:
Schmarotzerraubmöwe, Skua

Sie brütet in der arktischen Tundra und überwintert im Atlantischen Ozean nördlich des Äquators. Auf ihrem Weg zwischen Brut- und Winterquartier ist sie an den Küsten Europas zu Gast. Ihr Wanderweg führt sie auch über Landflächen. Sie ernährt sich im Sommer von Lemmingen, den Eiern und den Jungvögeln anderer Vögel und von Fischen. Spatelraubmöwen jagen hinter anderen Seevögeln hinterher, damit diese ihre Beute fallen lassen.

Sommerkleid

41–46 cm

J	F	M	A	M	J
J	A	S	O	N	D

Schmarotzerraubmöwe

Stercorarius parasiticus

Größe:
Kleiner als Silbermöwe

Merkmale:
Altvogel mit zwei langen Mittelschwanzfedern. Helles Kleid: oberseits dunkel, dunkler Scheitel; dunkles Kleid: unterseits und oberseits dunkel. Jungvogel variiert zwischen dunkel und hell, stark gestreift, insbesondere auf der Unterseite, ohne lange Mittelschwanzfedern. Im Flug kräftig und akrobatisch, gelegentlich sehr schnell, weißes Feld auf Flügelunterseite

Schnabel:
Blaugrau, kräftig

Stimme:
Am Nistplatz miauend und bellend

Ähnliche Arten:
Andere Raubmöwen

Dieser »Luftpirat« brütet im Moorland oder in der Tundra an den Küsten Nordeuropas. Er greift oft andere Seevögel an, damit sie ihre Beute fallen lassen. Am Nistplatz attackiert er mögliche Räuber, auch den Menschen. Diese Raubmöwe überwintert am Meer vor den Küsten Afrikas und Südamerikas. Das Nest wird am Boden angelegt. Die Jungen schlüpfen nach 25 Tagen.

Altvogel

53–58 cm

J	F	M	A	M	J
J	A	S	O	N	D

Skua

Stercorarius skua

Größe:
Wie Silbermöwe

Merkmale:
Dunkelbraun und gestreifter, tonnenförmiger Körper. Jungvogel wie Altvogel mit rötlichbraunem, eher gepunktetem als gestreiftem Gefieder. Im Flug wie eine große, schwere, kurzschwänzige Möwe. Beschleunigt rasch. Weißes, aufblitzendes Feld auf den Handschwingen

Schnabel:
Groß und stark

Stimme:
Aggressiv schimpfende Rufe am Brutplatz

Ähnliche Arten:
Junge Silbermöwe, Spatelraubmöwe, Schmarotzerraubmöwe

Dieser kräftige Seevogel ernährt sich vorwiegend von Fischen, die er selbst fängt, am Strand findet oder sich durch Piraterie verschafft. Bei der Nahrungssuche tötet er auch andere Seevögel. Skuas überwintern am Meer. Das Nest wird kolonienweise auf grasbewachsenen Felsspitzen oder im Moorland angelegt. Die beiden Jungen schlüpfen nach 29 Tagen und sind nach 44 Tagen flügge.

Altvogel

Altvogel

39 cm

J	F	M	A	M	J
J	A	S	O	N	D

Schwarzkopfmöwe

Larus melanocephalus

Größe:
Wie Lachmöwe

Merkmale:
Massiver, dicker Hals. Sommerkleid: schwarzer Kopf, weißer Augenring. Winterkleid: weißer Kopf, dunkler Fleck um Auge und darunter. Erstes Winterkleid hellgrau, Kopf wie Altvogel im Winterkleid, dunkle Handschwingen, schwarzer Streif am hinteren Flügelrand und an der Schwanzspitze. Beine rot. Im Flug heller Rücken, weiße Flügelspitzen, herabhängender Schnabel

Schnabel:
Schwer aussehend, rot

Stimme:
Seeschwalbenähnliches »Kriääh«

Ähnliche Arten:
Lachmöwe

Diese Möwe ist im Winter bis zu den Mittelmeerländern verbreitet und besucht auch andere südeuropäische Küsten. Immer mehr Schwarzkopfmöwen brüten in Rußland. Sie ernähren sich von Insekten, Fischen und anderen Meerestieren. Das Nest wird in Kolonien auf Feldern und in Sümpfen in der Nähe von Wasser angelegt. Die drei Jungen schlüpfen nach 35 Tagen und sind nach weiteren 35 Tagen flügge.

Sommerkleid

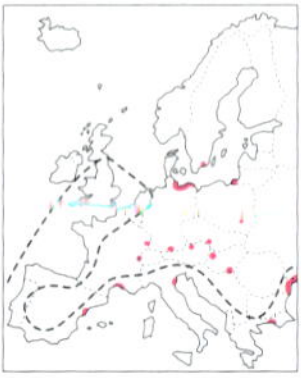

25–27 cm

J	F	M	A	M	J
J	A	S	O	N	D

Zwergmöwe

Larus minutus

Größe:
Kleiner als Lachmöwe

Merkmale:
Sommerkleid: schwarzer Kopf, grauer Rücken, Flügelspitzen nicht schwarz. Winterkleid: weißer Kopf mit dunklem Scheitel und Punkt hinter dem Auge. Jungvogel stark gezeichnet mit W-Muster auf den Schwingen. Erstes Winterkleid mit dunklem W-Muster. Im Flug lebhaft, seeschwalbenartig, Flügelunterseite dunkel, heller Flügelhinterrand

Schnabel:
Lang und dunkel

Stimme:
Gewöhnlich schweigsam

Ähnliche Arten:
Lachmöwe, Trauerseeschwalbe

Diese Möwe nistet in Süßwassersümpfen in Nordeuropa. Sie zieht über Land, überwintert jedoch vorwiegend in Küstengebieten. Man sieht sie einzeln oder in kleinen Gruppen. Sie ernährt sich von Insekten, Fischen und kleinen Meerestieren, wobei sie die Beute von der Wasseroberfläche schnappt. Das Nest wird in Kolonien am Boden angelegt. Die zwei oder drei Jungen schlüpfen nach 23 Tagen und sind nach 21 Tagen flügge.

Frühlingskleid

34–37 cm

J	F	M	A	M	J
J	A	S	O	N	D

Lachmöwe

Larus ridibundus

Größe:
Kleiner als Silbermöwe

Merkmale:
Sommerkleid: dunkelbrauner Kopf, perlgrauer Rücken, schwarze Flügelspitzen. Winterkleid: weißer Kopf, hinter den Augen dunkle Zeichnung. Jungvogel ingwerfarben an Kopf und Rücken. Erstes Winterkleid mit dunklen Streifen auf Flügel und schwarzem Schwanzendband. Beine dunkelrot. Im Flug weißer Streif am Flügelvorderrand

Schnabel:
Dunkelrot

Stimme:
Schimpfendes »Krriäh«

Ähnliche Arten:
Zwergmöwe, Schwarzkopfmöwe

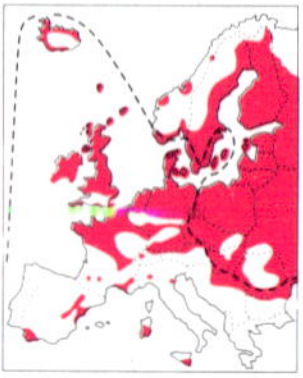

Die Lachmöwe ist Europas bekannteste und am weitesten verbreitete Möwe. Sie brütet oft in großen Kolonien im Binnenland oder an Küstensümpfen. Im Herbst und Winter besucht sie Ackerland, Stadtparks und geschützte Buchten. Als Futter dienen ihr Insekten und Würmer, doch sucht sie auch auf Müllabladeplätzen nach Nahrung. Die 2–3 Jungen schlüpfen nach 23 Tagen und sind nach 15 Tagen flügge.

Sommerkleid

40–42 cm

J	F	M	A	M	J
J	A	S	O	N	D

Sturmmöwe

Larus canus

Größe:
Kleiner als Silbermöwe

Merkmale:
Altvogel mit weißem Kopf, grauem Rücken, dunklen Augen, elegant. Winterkleid mit stark gestreiftem Kopf. Erstes Winterkleid mit stark gezeichnetem Kopf, grauem Rücken, braunen Schwingen wie beim Jungvogel. Beine gelblichgrün mit Schwimmhäuten an den Zehen. Im Flug grauer Rücken und weiße Punkte auf schwarzen Flügelspitzen

Schnabel:
Klein, gelb, ohne roten Punkt

Stimme:
Miauendes »Keaü«

Ähnliche Arten:
Silbermöwe, Dreizehenmöwe

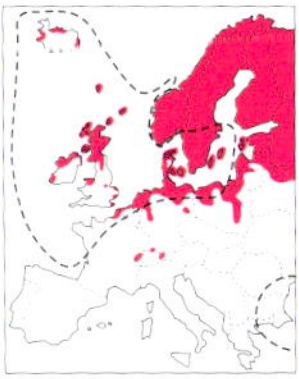

Die Sturmmöwe brütet in Nordeuropa auf Felseninseln, Kiesstränden, Sümpfen und Hochlandmooren. Sie ernährt sich von Wasserinsekten, Würmern und Fischen. Im Winter besucht sie weiter südlich gelegene Weiden, Ackerland und Meeresküsten. Sturmmöwen nisten kolonienweise am Boden und legen drei Eier. Die Jungen schlüpfen nach 23 Tagen. Sie verlassen das Nest nach fünf Tagen und sind nach etwa 30 Tagen flügge.

Sommerkleid

38–40 cm

J	F	M	A	M	J
J	A	S	O	N	D

Dreizehenmöwe

Rissa tridactyla

Größe:
Kleiner als Sturmmöwe

Merkmale:
Altvogel weiß mit blaugrauem Rücken, schwarzen Flügelspitzen und rundlichem Kopf. Jungvogel mit Fleck hinter dem Auge, schwarzes Halsband, schwarzes W-Muster im Flug. Gabelschwanz mit schwarzer Spitze. Beine schwarz mit Schwimmhäuten an den Zehen. Im Flug lange, graue Schwingen mit schwarzen, dreieckigen Spitzen

Schnabel:
Fein, gelb, ohne roten Punkt

Stimme:
Langgezogenes »Keh-veckeü«

Ähnliche Arten:
Sturmmöwe, Zwergmöwe

Diese Seemöwe nistet in lärmenden Kolonien auf schroffen Meeresklippen in Nordwesteuropa – in Deutschland nur auf Helgoland. Den Rest des Jahren verbringt sie am Meer. Viele Jungvögel leben die ersten zwei Jahre vor der Küste Grönlands. Die Nester sind mit Tang und Dung an Felsvorsprünge gekittet. Die beiden Jungen schlüpfen nach 27 Tagen. Sie sind nach etwa 40 Tagen flügge.

Sommerkleid

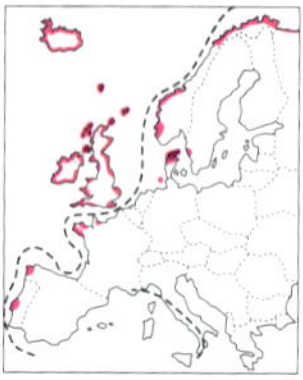

52–67 cm

J	F	M	A	M	J
J	A	S	O	N	D

Heringsmöwe

Larus fuscus

Größe:
Ähnlich Silbermöwe, aber schlanker

Merkmale:
Altvogel elegant, weiß mit dunkelgrauem Rücken, bei der skandinavischen Unterart schwarzer Rücken. Jungvogel dunkelbraun mit fast einheitlich dunklem Rücken. Beine gelb mit Schwimmhäuten an den Zehen. Im Flug recht schmale Flügel, graziler als Silbermöwe

Schnabel:
Gelb mit rotem Punkt

Stimme:
Ruppige lachende Rufe

Ähnliche Arten:
Mantelmöwe, Silbermöwe

Diese Möwe ist eng mit der Silbermöwe verwandt. Sie zieht im Sommer zu ihren nördlich gelegenen Brutkolonien und überwintert in den Küstengebieten. Heringsmöwen ernähren sich von Aas auf Müllabladeplätzen; sie nehmen aber auch anderen Vögeln die Beute ab. Das Nest wird auf Inseln, Dünen oder Mooren am Boden angelegt und besteht aus Tang oder Gräsern. Die drei Jungvögel schlüpfen nach 24 Tagen und sind nach 30–40 Tagen flügge.

Sommerkleid

20.06.2008 Milna Pension Tudor Dinko i Ivana
Insel Hvar Kroatien. Von meinem Balkon aus über die Adria segelnd gesehen. Schön. :-)

55–67 cm

J	F	M	A	M	J
J	A	S	O	N	D

Silbermöwe

Larus argentatus

Größe:
Größer als Lachmöwe

Merkmale:
Altvogel mit perlgrauem Rücken, grimmigen Augen mit gelber Iris. Winterkleid mit stark gestreiftem Hinterkopf. Jungvogel braun gesprenkelt. Mit zunehmendem Alter wird Schnabel heller und Rücken grauer. Beine fleischfarben mit Schwimmhäuten an den Zehen. Im Flug breite Schwingen, schwer aussehend

Schnabel:
Kräftig mit gekrümmter Spitze, gelb mit rotem Punkt

Stimme:
Schreiende und lachende Rufe

Ähnliche Arten:
Sturmmöwe, Heringsmöwe

Diese Möwe ist an den Küsten Nordwesteuropas zu Hause. Man sieht sie selten auf hoher See. Nach Nahrung sucht sie auf Müllabladeplätzen, auf Ackerland und in Parks. Sie übernachtet auf dem Meer in geschützten Küstenabschnitten und auf Stauseen. Sie ernährt sich von Aas und Abfall von Fischerbooten. Die drei Jungvögel schlüpfen nach 28 Tagen, verlassen das Nest nach drei Tagen und sind nach etwa 35 Tagen flügge.

Sommerkleid

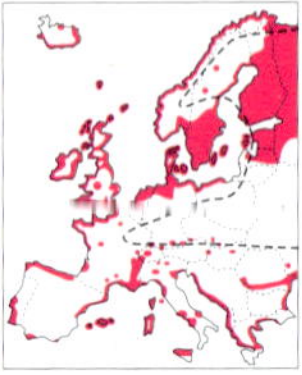

Sommerkleid

Zweites Sommerkleid

Erstes Winterkleid

64–78 cm

J	F	M	A	M	J
J	A	S	O	N	D

Mantelmöwe

Larus marinus

Größe:
Große, massige Möwe

Merkmale:
Eckiger Kopf, dicker Hals, schwarzer Rücken, leicht weiß gezeichnete Flügelspitzen. Jungvogel dunkelbraun oberseits kariert, hellerer Kopf und Schwanz. Beine rosa, Schwimmhäute an den Zehen. Im Flug schwer aussehend, breite Schwingen mit großen, weißen Punkten an den Spitzen

Schnabel:
Lang, kraftvoll, gelb mit rotem Punkt

Stimme:
Kurze, ruppige Schreie

Ähnliche Arten:
Heringsmöwe

Die Mantelmöwe ist die größte aller nordeuropäischen Möwen. Bei der Nahrungssuche scheut sie vor Piraterie nicht zurück und tötet auch andere Seevögel. Ihr Brutplatz befindet sich auf Inseln, Felsspitzen und im Sumpf- und Moorland. Sie zieht in den Norden und ist weiter südlich seßhaft. In das Nest aus Pflanzen werden zwei oder drei Eier gelegt. Die Jungen schlüpfen nach 27 Tagen und sind nach 7–8 Wochen flügge.

Altvögel im Sommerkleid

36–41 cm

J	F	M	A	M	J
J	A	S	O	N	D

Brandseeschwalbe

Sterna sandvicensis

Größe:
Größer als Lachmöwe

Merkmale:
Altvogel im Frühling weiß, sehr hellgrauer Rücken, schwarze Kopfplatte, wirr abstehender Schopf. Im Sommer wird Stirn weißer, Rücken heller. Winterkleid mit weißer Stirn und gepunktetem Scheitel. Im Flug lange Schwingen, langer Schnabel, kurze Steuerfedern, ziemlich steif

Schnabel:
Lang, schwarz mit gelber Spitze

Stimme:
Rasselndes »Kirrit«

Ähnliche Arten:
Flußseeschwalbe, Küstenseeschwalbe, Zwergseeschwalbe

Diese große und helle Seeschwalbe nistet in lärmenden Kolonien an Meeresstränden. Beim Stoßtauchen fängt sie an der Oberfläche lebende Fische. Einige Vögel ziehen bis nach Südafrika, andere überwintern an südeuropäischen Küsten. Sie legt 1–2 Eier in ein flaches Loch. Die Jungen schlüpfen nach 21 Tagen, sind nach 28 Tagen flügge und schließen sich bisweilen anderen Jungvögeln an.

Sommerkleid

33–38 cm

J	F	M	A	M	J
J	A	S	O	N	D

Rosenseeschwalbe

Sterna dougallii

Größe:
Ähnlich Lachmöwe

Merkmale:
Altvogel im Sommer mit sehr hellem Rücken, langen Steuerfedern, die beim Sitzen hinter den Flügeln herausragen. Brust im Frühling schwach rosa, schwarze Kopfplatte. Jungvogel ähnelt kleiner Brandseeschwalbe. Beine rot, relativ lang. Im Flug schlank, schmale Flügel, lange Steuerfedern

Schnabel:
Lang, schwarz, rote Wurzel

Stimme:
Schrilles »Tschü-vi«

Ähnliche Arten:
Flußseeschwalbe, Küstenseeschwalbe, Brandseeschwalbe

Sie brütet immer seltener an westeuropäischen Küsten und den Azoren. Ihre Brutplätze sind Sanddünen, Sandbänke oder Küsteninseln. Sie überwintert an der westafrikanischen Küste. Mit Sturzflügen aus der Luft fängt sie Fische. Das Nest wird am Boden angelegt und ist durch Steine oder Pflanzen geschützt. Die 1–2 Jungen schlüpfen nach 23 Tagen und sind nach 22–30 Tagen flügge.

Sommerkleid

31–35 cm

J	F	M	A	M	J
J	A	S	O	N	D

Flußseeschwalbe

Sterna hirundo

Größe:
Kleiner als Lachmöwe

Merkmale:
Sommerkleid mit hellgrauem Rücken, großem, plattem Kopf, schwarzer Kopfplatte. Winterkleid: weiße Stirn. Jungvogel mit braunerem Rücken, Schwingen und Schwanz kürzer. Beine kurz, rot. Im Flug lange, spitze Flügel, lange Steuerfedern, dunkle, keilförmige Markierung an den Außenhandschwingen

Schnabel:
Rot, schwarze Spitze

Stimme:
Rasselndes »Krri-ääh«

Ähnliche Arten:
Lachmöwe, andere Seeschwalben

Dieser Vogel ist im Sommer an Stränden, Süßwassersümpfen und unter Wasser stehenden Sand- und Kiesgruben zu Gast. Die Flußseeschwalbe überwintert an der afrikanischen Küste. Kleine Fische fängt sie im Sturzflug aus der Luft. Die Alten balzen über ihren Brutgebieten. Die 1–3 Jungvögel schlüpfen nach 21 Tagen. Sie verlassen das Nest nach einigen Tagen und werden von beiden Eltern gefüttert. Nach 25 Tagen sind sie flügge.

Sommerkleid

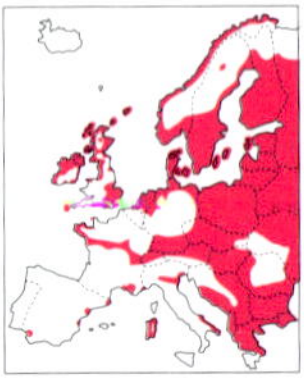

Sommerkleid

Jungvogel

33–35 cm

J	F	M	A	M	J
J	A	S	O	N	D

Küstenseeschwalbe

Sterna paradisaea

Größe:
Kleiner als Lachmöwe

Merkmale:
Sommerkleid: grauer Rücken, schwarze Kopfplatte, weiße Wangen, Kopf kleiner und rundlicher als bei Flußseeschwalbe, im Spätsommer Stirn etwas weiß. Jungvogel grau und weiß, schuppenartiger Rücken, weiße Stirn. Beine kurz, rot. Im Flug Flügel lang und spitz zulaufend, langer, gegabelter Schwanz, Flügelspitzen heller als bei Flußseeschwalbe

Schnabel:
Lang, rot

Stimme:
Höher als bei Flußseeschwalbe

Ähnliche Arten:
Andere Seeschwalben

Die Küstenseeschwalbe brütet in der Arktis und überwintert in der Antarktis und legt somit unter den Zugvögeln die längste Wanderroute zurück. Sie nistet kolonienweise an Stränden und Inseln am Meer, gelegentlich gemeinsam mit der Flußseeschwalbe. Beim Stoßtauchen fängt sie kleine Fische. In ein flaches Loch im Boden werden 1–3 Eier gelegt. Die Jungen schlüpfen nach 20 Tagen und suchen Schutz in der nahen Vegetation.

Sommerkleid

22–24 cm

J	F	M	A	M	J
J	A	S	O	N	D

Zwergseeschwalbe

Sterna albifrons

Die kleinste europäische Seeschwalbe ist Sommergast an Sand- oder Kiesstränden. In einigen Teilen Europas folgt sie großen Flüssen und brütet im Inland auf Kiesinseln oder anderen kahlen Gebieten. Sie überwintert an der westafrikanischen Küste. Das Nest wird in Kolonien am Wasser gebaut. Die 1–3 Jungen schlüpfen nach 20 Tagen, sind nach 19 Tagen flügge und werden noch mehrere Wochen von den Eltern gefüttert.

Größe:
Kleiner als Flußseeschwalbe

Merkmale:
Altvogel mit grauem Rücken, schwarzer Kopfplatte, weißer Stirn, schwarzem Augenstreif, gelben Beinen. Jungvogel mit schuppenartigem Rücken, brauner Kopfplatte. Im Flug rüttelt sie häufig, Wirkt pummelig mit großem Kopf und langen, schlanken Flügeln, dunkle äußere Flugfedern, gegabelter Schwanz

Schnabel:
Lang, gelb mit schwarzer Spitze

Stimme:
Aufgeregtes »Kik-kik«

Ähnliche Arten:
Flußseeschwalbe

Sommerkleid

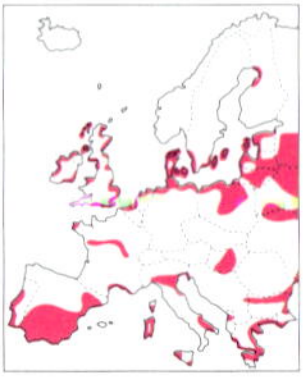

22–24 cm

J	F	M	A	M	J
J	A	S	O	N	D

Trauerseeschwalbe

Chlidonias niger

Größe:
Kleiner als Lachmöwe

Merkmale:
Sommerkleid: rußigschwarzer Körper, schiefergraue Flügel, Schwanzunterseite weiß. Herbstkleid: weißer Körper, schwarzer, hinter das Auge reichender Scheitel, dunkle Schulterzeichnung, heller Flügel. Im Flug geruhsam, oft zur Wasseroberfläche stürzend oder rüttelnd

Schnabel:
Lang, schwarz

Stimme:
Krächzendes »Kerre«

Ähnliche Arten:
Flußseeschwalbe, Zwergmöwe

Die Trauerseeschwalbe ist im Sommer an Süßwassersümpfen zu Gast. Dort ernährt sie sich von Insekten und ihren Larven. Unregelmäßiger Flug. Häufig stößt sie nieder und schnappt die Nahrung von der Wasseroberfläche. Sie überwintert in den Küstenregionen Westafrikas und besucht auf ihrem Zug Seen und Stauseen. Die 2–4 Jungen der Trauerseeschwalbe schlüpfen nach 21 Tagen und sind nach 15–25 Tagen flügge.

Sommerkleid

Herbstkleid

Jungvogel

38–41 cm

J	F	M	A	M	J
J	A	S	O	N	D

Trottellumme

Uria aalge

Größe:
Größter Alkenvogel

Merkmale:
Sommerkleid: dunkelbrauner oder schwarzer Rücken und Kopf, unterseits weiß, einige Vögel mit brillenförmiger Augenmaske. Winterkleid mit weiß werdendem Hals und Kinn. Im Flug schwirrende Flügel, Beine ragen hinter den Schwanz

Schnabel:
Dolchartig, dunkelbraun

Stimme:
Schnarrendes »Arrr«

Ähnliche Arten:
Tordalk, Gryllteiste, Papageitaucher

Dieser pinguinartige Meeresvogel brütet in großen Kolonien an den Felsklippen Nordwesteuropas. Er ernährt sich von Fischen, die er unter Wasser fängt. Das einzige birnenförmige Ei wird auf einen Felsvorsprung oder einen flachen Fels gelegt. Das Junge schlüpft nach 30 Tagen und verläßt den Felsen nach 20 Tagen, mehrere Wochen, bevor es flügge wird. Es wird von den Eltern auf See gefüttert.

Sommerkleid

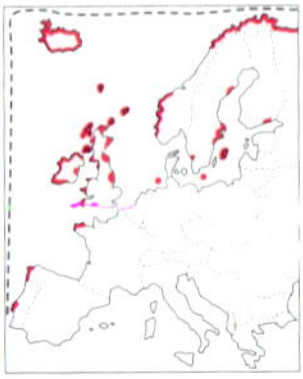

37–39 cm

J	F	M	A	M	J
J	A	S	O	N	D

Tordalk

Alca torda

Größe:
Etwas kleiner als Trottellumme

Merkmale:
Sommerkleid: schwarzer Kopf, Oberseite größtenteils schwarz, Unterseite weiß. Winterkleid: Hals, Kinn und Wangen weiß. Im Flug schnell mit kleinen, schmalen, schwirrenden Flügeln

Schnabel:
Schwarz mit weißen Markierungen, kräftig, seitlich abgeplattet

Stimme:
Schnarrender Ruf bei der Brut

Ähnliche Arten:
Trottellumme, Papageitaucher, Gryllteiste

Der Tordalk brütet in Felsspalten, Höhlen oder überhängenden Felsen in Kolonien. Den Rest des Jahres verbringt er auf See. Er ernährt sich von Fischen, die er unter Wasser fängt. Das einzige Junge schlüpft nach 36 Tagen; es ist am Anfang völlig hilflos und noch etwa eine Woche auf Wärmezufuhr durch die Altvögel angewiesen. Es ist nach 18 Tagen flügge und wird von den Eltern auf See umsorgt.

Sommerkleid

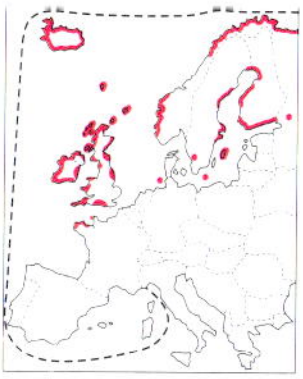

Winterkleid

30–32 cm

J	F	M	A	M	J
J	A	S	O	N	D

Gryllteiste

Cepphus grylle

Größe:
Kleiner als Trottellumme

Merkmale:
Sommerkleid: schwarz mit weißen Flügelmalen, rote Beine und Füße. Winterkleid mit gesprenkeltem Rücken. Im Flug vollständig schwarz im Sommer, weiße Flügelmale

Schnabel:
Schwarz, innen rot

Stimme:
Dünnes Piepen und Flöten am Nistplatz

Ähnliche Arten:
Trottellumme, Tordalk

Sie sucht näher an der Küste nach Nahrung und bildet seltener Kolonien als andere Alkenvögel. Sie bleibt während des Winters bei ihrem Brutplatz. Die Nahrung sucht sie am arktischen Packeisrand, wo sie nach Fischen taucht. Das Nest wird in Felsspalten, zwischen Felsbrocken und in Löchern an Gebäuden angelegt. Die 1–2 Jungvögel schlüpfen – je nach Anzahl der Eier – nach 23–40 Tagen; sie sind nach 40 Tagen flügge.

Winterkleid

Sommerkleid

17–19 cm

J	F	M	A	M	J
J	A	S	O	N	D

Krabbentaucher

Alle alle

Größe:
Starenähnlich

Merkmale:
Pummelig, kurzhalsig. Sommerkleid oberseits schwarz, unterseits weiß. Winterkleid mit weißer werdendem Hals und Kinn. Im Flug schnelle, flatternde Flügelschläge, häufiger Richtungswechsel

Schnabel:
Kurz, gedrungen, schwarz

Stimme:
Abseits der Brutplätze gewöhnlich schweigsam

Ähnliche Arten:
Papageitaucher, Trottellumme, Tordalk

Er nistet in großen Kolonien auf Klippen in der Hocharktis. Die südlichen Kolonien sind kleiner. Nach dem Ende der Brutzeit zieht er südwärts und überwintert im Nordatlantik. Dabei folgt er kälteren Strömungen und meidet das wärmere Wasser des Golfstroms. Im Binnenland ist er selten anzutreffen. Die Vögel können jedoch bei Herbststürmen vom Kurs abgebracht werden, dann stranden sie an der Küste oder im Inland.

Winterkleid

Sommerkleid

Winterkleid

26–29 cm

J	F	M	A	M	J
J	A	S	O	N	D

Papageitaucher

Fratercula arctica

Größe:
Kleiner als Stadttaube

Merkmale:
Großer Kopf, aufrecht an Land, entenähnlich auf dem Meer. Sommerkleid schwarz und weiß, clownähnliches Aussehen. Winterkleid: dunkle Wangen, Schnabel nicht so farbenfreudig. Jungvogel kleiner als Altvogel, Wangen sehr dunkel, schwarzer, gedrungender Schnabel. Im Flug großer Kopf und Schnabel, breite Außenschwingen, schnelle Flügelschläge

Schnabel:
Dreieckig, rotgelbschwarz gefärbt

Stimme:
Knurrendes »Arrr-arr-arr-arr«

Ähnliche Arten:
Andere Alke

Dieser Meeresvogel ist Sommergast an nordwesteuropäischen Inseln und Meeresklippen. Den Rest des Jahres verbringt er auf dem offenen Meer. Beim Tauchen fängt er Fische. Der Papageitaucher nistet kolonienweise in selbstgegrabenen Erdhöhlen. Das einzige Junge schlüpft nach 39 Tagen, wird von beiden Eltern etwa 40 Tage gefüttert und verläßt seine Höhle nachts in Richtung des offenen Meeres.

Sommerkleid

Winterkleid

31–33 cm

J	F	M	A	M	J
J	A	S	O	N	D

Türkentaube

Streptopelia decaocto

Größe:
Kleiner als Stadttaube

Merkmale:
Rosagrau mit schwarzem, halbem Halsband. Im Flug dunkle Flügelspitzen, schwarzweißes Muster auf Schwanzunterseite, helle Außenfedern am Schwanz, fallschirmspringerähnlich im Balzflug

Schnabel:
Klein, dunkel

Stimme:
Monotones »Kuh-ku-ku«

Ähnliche Arten:
Turteltaube, verwilderte Felsentaube

Diese Art stammt aus Indien, ist vorwiegend seßhaft und ernährt sich von Getreidekörnern, Samen, Beeren und Gras. Man sieht sie häufig in Städten, Dörfern, Parks und Gärten. Das Nest wird nachlässig aus dünnen Ästen in einem Baum oder Busch gebaut. Die zwei Jungen schlüpfen nach 14 Tagen und sind nach 14 Tagen flügge. Türkentauben brüten drei- bis sechsmal pro Jahr.

Altvogel

Altvögel

26–28 cm

J	F	M	A	M	J
J	A	S	O	N	D

Turteltaube

Streptopelia turtur

Größe:
Etwas kleiner als Stadttaube

Merkmale:
Schlank, kleiner, blaugrauer Kopf, rosafarbene Brust, dunkle Halsmale, gesprenkelter Rücken. Im Flug schnell, wendig, gleitet mit ausgebreiteten Schwingen. Schwarzer Schwanz mit weißem Rand

Schnabel:
Klein, hornfarben

Stimme:
Lautes, katzenartiges Gurren

Ähnliche Arten:
Türkentaube, verwilderte Felsentaube, Ringeltaube

Diese kleine Taube überwintert in Zentralafrika und kehrt im Frühling nach Süd- und Mitteleuropa zurück. Sie ernährt sich von Pflanzenmaterial, insbesondere Samen, die sie am Boden findet. Das Nest, ein Gebilde aus Ästen, baut sie am Waldrand, in kleinen Wäldchen und Hecken. Die Jungen schlüpfen nach 13 Tagen und sind nach 20 Tagen flügge. Die Turteltaube brütet zwei- bis dreimal im Jahr.

Altvogel

Altvögel

31–34 cm

J	F	M	A	M	J
J	A	S	O	N	D

Felsentaube

Columba livia

Größe:
Mittelgroße Taube

Merkmale:
Wilde Felsentaube: blaugrau, schwarze Flügelbänder, weißer Bürzel. Verwilderte Felsentaube ähnlich der Wildform, Gefieder variiert von sehr dunkel bis weiß, auch gescheckte und braune Formen. Im Flug bei Wildform weißer Bürzel und schwarze Flügelbänder

Schnabel:
Klein, grau

Stimme:
Weiches Gurren

Ähnliche Arten:
Hohltaube, Türkentaube, Turteltaube, Ringeltaube

Felsentauben sind an Meeresklippen und in anderen felsigen Regionen seßhaft. Sie sind die Vorfahren der Zucht- und Stadttauben, die über Europa verbreitet sind und sehr variabel gefärbtes Gefieder besitzen. Sie nisten auf natürlichen oder künstlichen Vorsprüngen oder in einer Höhle. Die beiden Jungen schlüpfen nach 16 Tagen und sind nach 35 Tagen flügge. Oft wird fünfmal im Jahr gebrütet.

Altvogel

32–34 cm

J	F	M	A	M	J
J	A	S	O	N	D

Hohltaube

Columba oenas

Größe:
Wie Stadttaube

Merkmale:
Blaugrau, mit violettem Schimmer auf dem Hals, rosa Brust, schieferfarbene Flügel, mit kurzen, schwarzen Streifen. Im Flug Flügel oberseits nicht weiß; zwei kurze, schwarze Streifen. Auf der Balz werden Schwingen V-förmig gehalten

Schnabel:
Klein, hell

Stimme:
Hohl klingendes »Oo-uo, oo-uo, oo-uo…«

Ähnliche Arten:
Ringeltaube, Felsentaube

Man findet sie in Parks, Alleen und kleinen Wäldchen. Dort nistet sie in Baumlöchern, Nistkästen oder Mauerlöchern. Als Nahrung dienen ihr vorwiegend Samen. Im Winter bilden die Tauben große Schwärme, gelegentlich mit Ringeltauben. Die Hohltaube zieht in Nord- und Osteuropa und ist ansonsten seßhaft. Die beiden Jungen schlüpfen nach 16 Tagen und sind nach 20–30 Tagen flügge. Sie brütet zwei- oder mehrmals im Jahr.

Altvogel

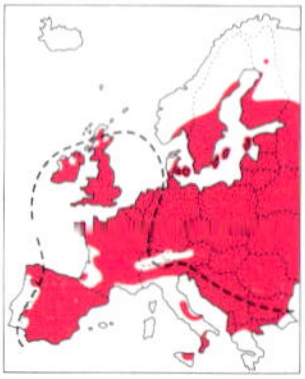

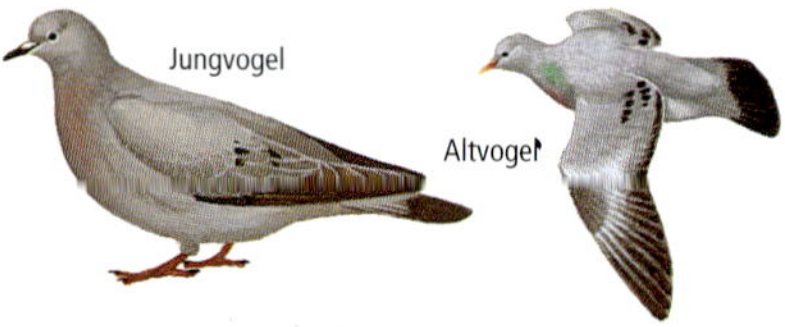

40–42cm

J	F	M	A	M	J
J	A	S	O	N	D

Ringeltaube

Columba palumbus

Größe:
Größte Taube

Merkmale:
Altvogel schwer wirkend, blaugrau, mit kleinem Kopf und rosa Brust, weiße Markierungen am Hals. Jungvogel am Hals nicht weiß. Im Flug weiße Monde auf den Schwingen. Flügelschlagen bei der Balz, Gleitflüge mit abwärts gekrümmten Schwingen

Schnabel:
Gelbrosa Wurzel

Stimme:
Zart blasend »du-duuuh-duduuuh du«

Ähnliche Arten:
Ringeltaube, Turteltaube

Die Ringeltaube kommt sehr häufig in Waldgegenden vor, ist aber auch in landwirtschaftlich genutzten Regionen sowie in Städten und Gärten heimisch. Die nord- und osteuropäischen Arten sind Zugvögel und fliegen im Winter nach Südwesten. Die Nahrung besteht aus Samen, Blättern und anderem Pflanzenmaterial. Die 1–2 Jungen schlüpfen nach 17 Tagen und sind nach 30 Tagen flügge. Sie brütet gewöhnlich zweimal.

Altvogel

Jungvogel

Altvogel

32–34 cm

J	F	M	A	M	J
J	A	S	O	N	D

Kuckuck

Cuculus canorus

Größe:
Kleiner als Turmfalke

Merkmale:
Altvogel mit grauem Kopf und Oberseite, gestreifter Unterseite, langem Schwanz, langen Schwingen. Jungvogel rötlichbraun, gestreifter Rücken, weißer Punkt am Genick. Im Flug schnell und geradlinig, mit flachen Flügelschlägen. Spitze Schwingen, langer Schwanz

Schnabel:
Klein, leicht gebogen

Stimme:
Männchen mit sich wiederholendem »Kuck-kuh«, Weibchen mit glucksendem Ruf

Ähnliche Arten:
Turmfalke, Sperber, Ziegenmelker

Er ist extrem anpassungsfähig und bewohnt Laub- und Nadelwälder, Halbwüsten, Hochmoore und Ackerland. Als Brutparasit legt er seine Eier in die Nester anderer Vogelarten. Seine europäischen Wirte sind Heckenbraunelle, Wiesenpieper, Bergfink und Gartenrotschwanz. Das Weibchen legt bis zu 25 Eier in verschiedene Nester. Der junge Kuckuck schlüpft nach zwölf Tagen und zerstört systematisch die anderen Eier.

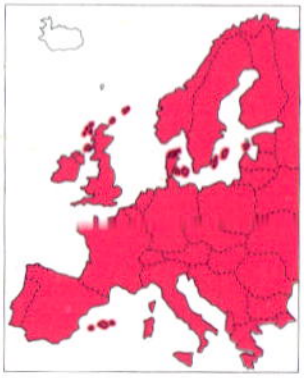

Altvogel

Noch nicht geschlechtsreifer Vogel

60–75 cm

J	F	M	A	M	J
J	A	S	O	N	D

Uhu

Bubo Bubo

Größe:
Ähnlich dem Mäusebussard

Merkmale:
Groß, Kopf mit Federbüschel, Farbe variabel, von hell- bis dunkelbraun, je nach Gebiet große orangefarbene Augen. Im Flug kräftige Flügelschläge, schnell und regelmäßig

Schnabel:
Grau, gekrümmt

Stimme:
Tief und wohlklingend »Huh-uuh«

Ähnliche Arten:
Waldohreule

Der nachtaktive Uhu, die größte Eule Europas, erlegt Vögel von Habichtgröße und Hasen. Er bewohnt rauhe Landschaften und Waldgebiete, benötigt aber Felsen, Schluchten und Steilhänge mit geschützten Brutnischen, oft nahe einem Moor, See oder dem Meer. Das Nest ist eine Vertiefung in einer Felsspalte oder an einem steilen Hang, manchmal auch hoch im Baum. 2–4 Junge schlüpfen nach 34 Tagen.

Altvogel

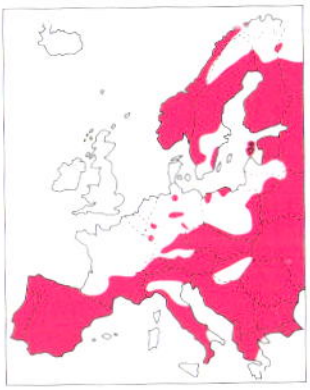

Altvogel

33–35 cm

J	F	M	A	M	J
J	A	S	O	N	D

Schleiereule

Tyto alba

Größe:
Kleiner als Waldkauz

Merkmale:
Herzförmiges Gesicht, honigfarbener Rücken, weiße oder gelbbraune Unterseite, lange, weiße Beine. Osteuropäische Unterart mit dunklerem Gesicht, gepunkteter, gelbbrauner Unterseite. Im Flug geräuschlos, lebhaft, wirkt unentschlossen, rüttelt oft

Schnabel:
Gebogen, fast im Gefieder versteckt

Stimme:
Viele unterschiedliche Rufe, lautes Fauchen am Nistplatz und unheimliche Schreie

Ähnliche Arten:
Sumpfohreule

Dieser nachtaktive Räuber lebt im offenen Landgebiet mit Waldbestand. Die Nahrung der Schleiereule besteht aus kleinen Säugetieren, Vögeln und Insekten, die sie auch über Sümpfen, Gräben und in der Nähe von Straßen jagt. Sie nistet in Löchern an Gebäuden, Bäumen oder auf Klippen. Die 4–7 Jungen schlüpfen in Intervallen von 30 Tagen und sind nach 50 Tagen flügge.

Altvogel

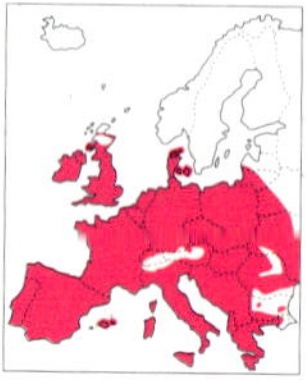

Altvogel (östliche Unterart)

Altvogel

37–39 cm

J	F	M	A	M	J
J	A	S	O	N	D

Waldkauz

Strix aluco

Größe:
Groß, rundköpfig

Merkmale:
Normales Gefieder getarnt, braun gesprenkelt, mit dunklem Gesicht, dunklen Augen und weichen, gestreiften Federn. Jungvogel flaumig, beim Verlassen des Nests flugunfähig. Im Flug geräuschlos, mit häufigen Gleitflügen, großer Kopf, breite, abgerundete Schwingen

Schnabel:
Klein, hornfarben, gebogen

Stimme:
Scharfes »Keswick« und bebendes »Puh-huh, puhhuhuh«

Ähnliche Arten:
Waldohreule, Sumpfohreule

Diese rundliche Waldeule ist nur selten tagaktiv. Der Waldkauz frißt kleine Säugetiere, Vögel, Insekten und Würmer. Er nistet in Baumlöchern oder in verlassenen Nestern anderer Großvögel. Die 2–5 Jungen schlüpfen nach 28 Tagen. Die nicht flugtauglichen Jungen verlassen das Nest nach etwa 25 Tagen und sind eine Woche später flügge. Sie bleiben noch etwa drei Monate abhängig von den Altvögeln.

Altvogel

Altvogel

35–37cm

J	F	M	A	M	J
J	A	S	O	N	D

Waldohreule

Asio otus

Größe:
Etwas kleiner als Waldkauz

Merkmale:
Das katzenartige Gesicht kann seine Form verändern. Schön gezeichnetes, braunes und gelbbraunes Gefieder, Federbüschel am Kopf, orange Augen. Im Flug geräuschlos, Federbüschel versteckt, unterseits gestreift, dichtgestreifte Schwingen

Schnabel:
Klein, teilweise versteckt, hornfarben

Stimme:
Tiefes Stöhnen, Junge quietschen wie ungeölte Tür

Ähnliche Arten:
Waldkauz, Sumpfohreule

In Alarmbereitschaft ist diese Eule lang und dünn, plustert sich jedoch auf, wenn sie entspannt ist. Die Federbüschel der Waldohreule, bei denen es sich nicht um Ohren handelt, stehen auf oder sind angelegt und im Flug kaum zu sehen. Sie lebt im Wald und jagt Säugetiere und Vögel bei Nacht. Die 3–5 Jungen schlüpfen nach 25 Tagen, verlassen das Nest nach 21 Tagen und fliegen nach 30 Tagen. Die Jungvögel werden einen weiteren Monat später von ihren Eltern unabhängig.

Altvogel

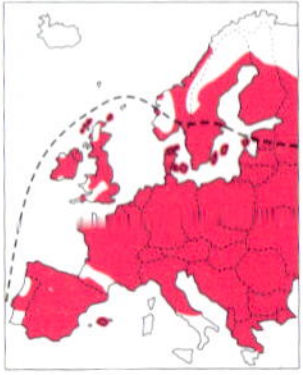

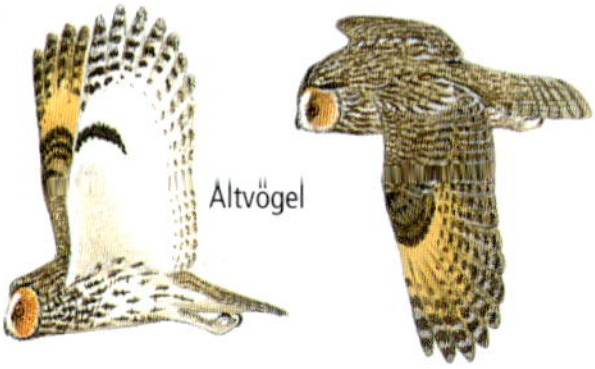

Altvögel

37–39 cm

J	F	M	A	M	J
J	A	S	O	N	D

Sumpfohreule

Asio flammeus

Größe:
Größer als Schleiereule

Merkmale:
Rundes Gesicht, dunkle Maske, wilde, gelbe Augen, strohgelb, braune Zeichnung. Im Flug lange, ziemlich schmale Flügel, kurzer Schwanz, dunkle Flecken über und unter dem »Ellenbogen«, heller Bauch, rudernder, geräuschloser Flug, rüttelt und gleitet

Schnabel:
Dunkel, teilweise versteckt

Stimme:
Gewöhnlich schweigsam, gellendes Bellen im Alarmzustand, tiefes, dumpfes Tuten

Ähnliche Arten:
Waldkauz, Waldohreule, Steinkauz

Diese Eule jagt bei Tag im offenen Gebiet, wo es viele kleine Säugetiere, insbesondere Wühlmäuse gibt. Sie brütet in Mooren, in Baumschulen und Sümpfen. Die nördlichen Populationen ziehen im Herbst nach Süden und Westen. Das Nest wird am Boden unter Pflanzen angelegt. Die 4–8 Jungen schlüpfen nach 24 Tagen. Sie schlüpfen über mehrere Tage verteilt, so daß die Nachkommenschaft unterschiedlich alt ist. Das älteste Junge überlebt am wahrscheinlichsten.

Altvogel

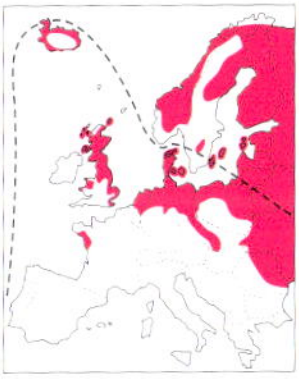

Altvögel

21–23 cm

J	F	M	A	M	J
J	A	S	O	N	D

Steinkauz

Athene noctua

Größe:
Wie Star

Merkmale:
Braun gepunktetes Gefieder, heller gestreifte Unterseite, sieht wild aus. Ziemlich lange Beine, wippt vor Neugier auf und nieder. Im Flug wellenartig, oft dicht am Boden

Schnabel:
Gekrümmt, gelbgrün

Stimme:
Wiederholtes kläffendes »Kiu-kiu-kiu...«

Ähnliche Arten:
Waldkauz

Bei Tage sieht man diese kleine Eule an ihrem Ruheplatz, am Abend auf einer erhöhten Warte sitzend. Der Steinkauz ist nachtaktiv, jagt aber auch in der Dämmerung Insekten, kleine Säugetiere und Würmer. Man findet ihn auf Ackerland, Obstplantagen und in Süd- und Osteuropa in bergigen Trockengebieten. Er nistet in Baumlöchern, Gebäuden und Felswänden. Die 2–5 Jungen schlüpfen nach 27 Tagen und sind nach 30 Tagen flügge.

Altvogel

Altvogel

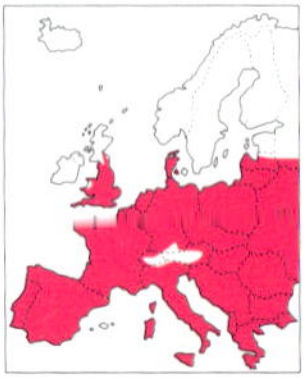

26–28 cm

J	F	M	A	M	J
J	A	S	O	N	D

Ziegenmelker

Caprimulgus europaeus

Größe:
Kleiner als Turmfalke

Merkmale:
Getarnt, zarte braune und graue Zeichnung. Sitzt der Länge nach auf Ästen, aktiv in der Dämmerung. Männchen mit weißen Punkten auf Flügeln und Schwanz. Im Flug geräuschlos, lange, spitze Schwingen, langer Schwanz, fliegt mit plötzlichen Drehungen

Schnabel:
Klein, grau, großer Schlund

Stimme:
Scharfes »Krü-eck« im Flug, Gesang ähnlich wie Feldschwirl

Ähnliche Arten:
Kuckuck, Turmfalke

Den schnurrenden Ruf des Ziegenmelkers hört man oft in den Sommernächten in trockenen Gebieten mit vereinzelten Bäumen wie Heideland, großen Waldlichtungen oder Baumschulen. Der Ziegenmelker ist nachtaktiv und fängt im Flug fliegende Insekten, meist Motten. Sein Winterquartier ist Afrika. Er nistet in einem Loch am Boden. Die beiden Jungen schlüpfen nach 17 Tagen und sind nach 16 Tagen flügge.

Altvogel

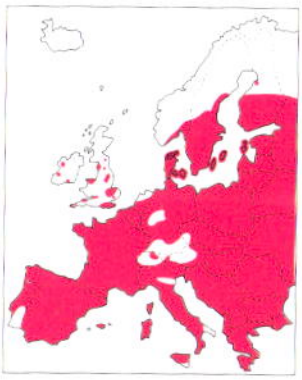

24.05.20 ÜBER STADTMITTE. PAARUNG IM FLUG (VON MONIKAS FENSTER DOB ?) AUS BEOBACHTET. SONNTAG 11:15

16–17 cm

J	F	M	A	M	J
J	A	S	O	N	D

Mauersegler

Apus apus

Größe:
Kürzerer Rumpf, längere Flügel als Schwalbe

Merkmale:
Altvogel oberseits und unterseits dunkelbraun, helle Kehle. Jungvogel mit schuppenartigem Rücken. Im Flug schnell, oft in Gruppen. Lange, schmale, spitze Flügel und kurzer, gegabelter Schwanz

Schnabel:
Kurz, gekrümmt, weiter Schlund

Stimme:
Schneidende Schreie

Ähnliche Arten:
Rauchschwalbe, Uferschwalbe

Mauersegler vebringen mehr Zeit im Flug als die meisten Vögel. Sie fangen Insekten und trinken und schlafen sogar beim Fliegen. Nach dem Landen haben sie jedoch große Schwierigkeiten, wieder aufzusteigen. Die Jungen verlassen die Nester im August und verbringen die nächsten 2–3 Jahre in der Luft. Sie nisten in Gebäudelöchern oder Felsspalten. Die 2–3 Jungen schlüpfen nach 19 Tagen und sind nach 42 Tagen flügge.

Altvogel

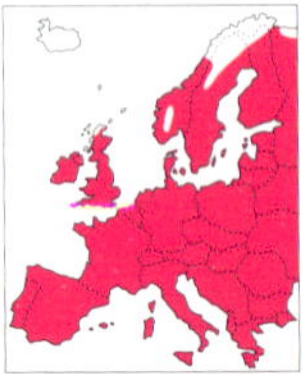

Altvogel

Jungvogel

AHRWEILER 19.7.2000 ABENDS, LÄNGS ÜBER DER AHR WASSERFLÄCHE FLIEGEND,

24.10.2020 ROSTOCK STADTHAFEN NÄHE MATROSEN-DENKMAL CA. 8:10 SCHÖN

16–17 cm

J	F	M	A	M	J
J	A	S	O	N	D

Eisvogel

Alcedo atthis

Größe:
Etwas größer als Haussperling

Merkmale:
Altvogel helle, blaugrüne Oberseite, kastanienfarbene Unterseite, weißer Kehl- und Nackenfleck. Jungvogel stumpfer und grüner als Altvogel. Im Flug schnell und gezielt

Schnabel:
Dolchartig, beim Weibchen unterseits schwarzrot

Stimme:
Schrilles Pfeifen im Flug

Ähnliche Arten:
Unverwechselbar

Diesen schönen Vogel mit großem Kopf und kurzem Schwanz findet man an stehenden oder langsam fließenden Gewässern. Er zieht in Nord- und Osteuropa, ist aber ansonsten ein Standvogel. Eisvögel fangen im Stoßtauchen kleine Fische. Das Nest ist eine unterirdische Kammer am Ende eines langen Tunnels und wird von beiden Eltern gegraben. Die 6–7 Jungen schlüpfen nach 19 Tagen und sind nach etwa 27 Tagen flügge.

Weibchen

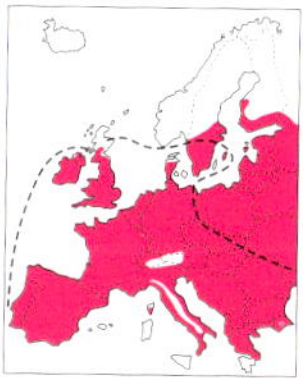

Weibchen

26–28 cm

J	F	M	A	M	J
J	A	S	O	N	D

Wiedehopf

Upupa epops

Größe:
Kleiner als Stadttaube

Merkmale:
Rosabraun, große Haube, die aufgerichtet oder angelegt werden kann, schwarzweißer Rücken und Schwanz. Im Flug mit breiten, abgerundeten, schwarzweißen Schwingen

Schnabel:
Lang, abwärts gebogen

Stimme:
Übersprudelndes »Pu-pu-pu«

Ähnliche Arten:
Eichelhäher

Dieser exotisch aussehende Vogel wohnt in Süd- und Osteuropa, ist aber im nördlichen Mitteleuropa als Brutvogel selten geworden. Mit seinem langen Schnabel stochert er nach großen Insekten. Der Wiedehopf brütet an trockenen Standorten mit kargen Landschaften. Gebäude, Bäume und Felsen dienen als Sitzwarten und Nistplätze. Er nistet in Löchern. 7–8 Junge schlüpfen nach 15 Tagen.

Altvogel

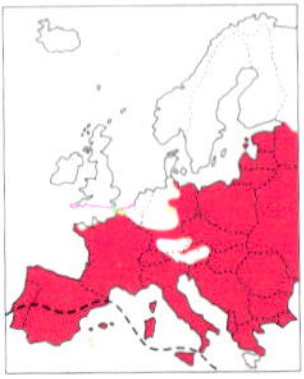

Altvogel

16–17 cm

J	F	M	A	M	J
J	A	S	O	N	D

Wendehals

Jynx torquilla

Größe:
Etwas größer als Haussperling

Merkmale:
Sieht von weitem braun aus, dunkler Pfeil auf dem Rücken, schönes graubraunes Tarnmuster. Im Flug zögernd und wellenförmig

Schnabel:
Ziemlich kurz, gedrungen

Stimme:
Falkenähnliches »Kiihh-kiihh-kiihh«

Ähnliche Arten:
Unverwechselbar

Der mit den Spechten verwandte Wendehals zieht im Sommer in offene Waldgebiete, Parks und Plantagen. Er überwintert in Afrika. Auf seinem Zug besucht er verschiedene Standorte wie grasbewachsene Felsspitzen, aber auch Gärten. Auf dem Boden hüpft er und ernährt sich von Ameisen. Er nistet in Baum- oder Mauerlöchern. 7–10 Jungen schlüpfen nach zwölf Tagen und sind nach 18 Tagen flügge.

Altvogel

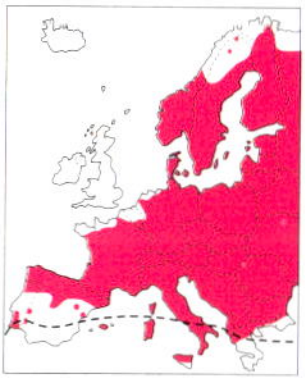

Altvogel

GESEHEN IM JULI/JUNI SLOWINZISCHER NATIONALPARK BEI LEBA / POLEN

12.04.10 ROTEHORNPARK MAGDEBURG (BEIM LAUFEN)

31–33 cm

J	F	M	A	M	J
J	A	S	O	N	D

Grünspecht

Picus viridis

Größe:
Wie Stadttaube

Merkmale:
Altvogel mit dunkelgrünem Rücken, gelbem Bürzel, heller Unterseite, roter Kopfplatte und Nacken. Männchen mit rotem Bartstreif. Jungvogel mit ähnlichen Farben, aber matter, gepunktet und gestreift. Im Flug stark wellenförmig, Schwingen werden nach einigen kräftigen Schlägen angelegt

Schnabel:
Lang und kräftig

Stimme:
Lauter, lachender, kläffender Ruf, gelegentlich kraftloses Trommeln

Ähnliche Arten:
Pirol

Dieser große, standorttreue Specht lebt im Waldgebiet, kleinen Wäldchen, bewirtschafteten Gebieten und Parks. Am Boden bewegt er sich mit einer Reihe von Sprüngen. Dort ernährt er sich von Ameisen und anderen Insekten und deren Larven. Mit seinem kräftigen Schnabel klopft er ein Nistloch aus einem Baumstamm. Die 5–7 Jungen schlüpfen nach 17 Tagen und sind nach 23 Tagen flügge.

Weibchen

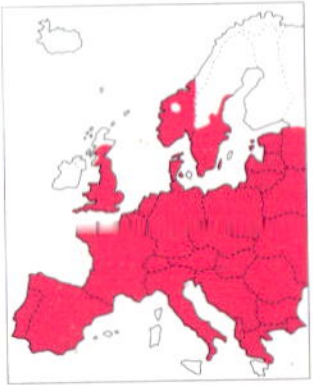

Jungvogel

Altvogel

12-10.2010 04. Rothehornpark, Magdeburg
Bodo Lawton

22–23 cm

J	F	M	A	M	J
J	A	S	O	N	D

Buntspecht

Dendrocopos major

Größe:
Amselähnlich

Merkmale:
Altvogel schwarz und weiß, rote Schwanzunterseite, weiße Flecken auf dem Rücken, weiße Wangen, durch schwarze Linien von weißer Kehle und weißem Nacken getrennt. Männchen mit rotem Hinterkopf. Jungvogel mit roter Kopfplatte

Schnabel:
Dunkel, mittellang, kräftig

Stimme:
Scharfes »Kick«, trommelt im Frühling mit Schnabel auf Ästen

Ähnliche Arten:
Kleinspecht

Der Buntspecht ist ein Standvogel der europäischen Wälder. Er ernährt sich von Insekten, Nüssen und Samen, holt sich im Frühling aber auch Eier und Jungvögel. Mit einer Reihe von Hüpfern klettert er auf Bäume. Am Boden hält er sich selten auf. Das Nest wird mit dem starken Schnabel aus dem Baum gemeißelt. Die 4–7 Jungen schlüpfen nach 10–13 Tagen und sind nach 20 Tagen flügge.

Weibchen

14–15 cm

J	F	M	A	M	J
J	A	S	O	N	D

Kleinspecht

Dendrocopos minor

Größe:
Ähnlich dem Haussperling

Merkmale:
Schwarzweiß gestreifter Rücken, unterseits weiß. Männchen mit roter Kopfplatte. Weibchen mit weißer Stirn. Jungvogel weniger deutlich gezeichnet, Kopf bei jungen Männchen leicht rot. Im Flug wellenförmig, gestreifte Schwingen

Schnabel:
Kurz und kräftig

Stimme:
Hohes »Ki-ki-ki-ki-ki...«

Ähnliche Arten:
Buntspecht

Der Kleinspecht ist eine seßhafte Art der europäischen Waldgebiete. Im hohen Norden ist er jedoch zum Teil ein Zugvogel. Er frißt vorwiegend Insekten, die er sich in Baumstümpfen, Zweigen und unter Blättern holt. Auf dem Boden hält er sich selten auf. Mit seinem Schnabel klopft er sich sein Nest meist direkt unter einem Ast in den Stamm. Die 4–6 Jungen dieses Spechts schlüpfen nach elf Tagen und sind nach 18 Tagen flügge.

Männchen

45–57 cm

J	F	M	A	M	J
J	A	S	O	N	D

Schwarzspecht

Dryocopus martius

Größe:
Wie eine Dohle

Merkmale:
Männchen schwarz, rote Kopfplatte. Weibchen ähnlich Männchen, im Nacken ebenfalls mir rotem Schimmer. Jungvogel sehr hell, Kehle hell, Kopf nicht rot. Im Flug schwer aussehend, nicht wellenförmig

Schnabel:
Lang, kräftig

Stimme:
Lautes Trommeln, im Flug »priih-priih-priih«, gellendes Gelächter

Ähnliche Arten:
Unverwechselbar

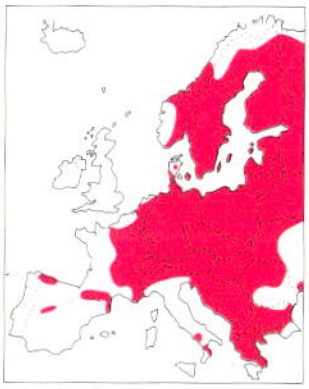

Dieser Specht ist der größte europäische Specht. Er lebt in Laubwäldern, insbesondere Buchen- und Lärchen- oder Nadelwäldern. Er ist vorwiegend seßhaft. Die Jungvögel entfernen sich nie weiter als 40 km von ihrem Geburtsort. Die Nahrung besteht aus Insekten, besonders Käfern. Er klopft mit seinem Schnabel mit einem weithin hörbaren Trommeln eine Höhle in einen Baum, in die er 4–6 Eier ablegt.

Altvogel

Weibchen füttert Junges

18–19 cm

J	F	M	A	M	J
J	A	S	O	N	D

Feldlerche

Alauda arvensis

Größe:
Kleiner als Star

Merkmale:
Braun gestreifter Rücken, unterseits hell, gestreifte Brust, kurze Haube. Im Flug breite Schwingen mit hellen Hinterrändern, Außenschwanzfedern weiß, rüttelt und kreist beim Singen

Schnabel:
Kurz, stabil, hornfarben

Stimme:
Schöner, langer, trällernder Gesang

Ähnliche Arten:
Heidelerche, Wiesenpieper

Der Gesang der Feldlerche ist typisch für offene Landgebiete und bewirtschaftete Regionen. Meist fliegt sie dabei so hoch, daß man sie nicht sieht. Sie ernährt sich von Insekten und Samen. Im Herbst ziehen die nördlichen Populationen in Schwärmen nach Süden und Westen. Das Nest wird am Boden angelegt. Die Feldlerche brütet ein- bis dreimal, gelegentlich viermal in Südeuropa.

Altvogel

Altvogel

15 cm

J	F	M	A	M	J
J	A	S	O	N	D

Heidelerche

Lullula arborea

Größe:
Kleiner als Feldlerche

Merkmale:
Wie Feldlerche, jedoch mit kürzerem Schwanz, heller Überaugenstreif, am Hinterkopf zusammenlaufend, dunkle Zeichnung am Flügelvorderrand. Im Flug kurzer Schwanz, dunkle Zeichnung am Vorderrand der Schwingen. Schwach aussehender Flug, kreisender Flug beim Gesang

Schnabel:
Ziemlich fein, hornfarben

Stimme:
Lieblich klingendes »Tytli-uit«

Ähnliche Arten:
Feldlerche, Baumpieper

Die Heidelerche bewohnt offene Landregionen und Waldlichtungen mit kargem Boden, Gras, Heide oder Farnen und vereinzelten Bäumen. In vielen Teilen Europas ist ihre Zahl aber rückläufig. Sie ernährt sich von Insekten und Samen. Das Nest wird am Boden durch Pflanzen geschützt angelegt. Die 3–5 Jungen schlüpfen nach zwölf Tagen und sind nach etwa zehn Tagen flügge. Die Heidelerche brütet zwei- oder dreimal im Jahr.

Altvogel

Altvogel

12 cm

J	F	M	A	M	J
J	A	S	O	N	D

Uferschwalbe

Riparia riparia

Größe:
Kleiner als Rauchschwalbe

Merkmale:
Braun oberseits, weiß unterseits, braunes Brustband. Im Flug ziemlich flattrig, braun und weiß mit kurzem Gabelschwanz und spitzen Flügeln

Schnabel:
Klein, schwarz

Stimme:
Zwitscherndes Schwatzen

Ähnliche Arten:
Mehlschwalbe, Rauchschwalbe

Die Uferschwalbe, ein Sommergast in vielen Teilen Europas, ist aufgrund von Dürreperioden in ihren Überwinterungsgebieten in Südafrika immer mehr dezimiert worden. Im Frühling kehrt sie zurück und ernährt sich von Insekten, die sie im Flug, oft über dem Wasser, fängt. Sie nistet in Höhlen, an Flußufern und sandigen Klippen. Ihre 4–6 Jungen schlüpfen nach 14 Tagen und sind nach 22 Tagen flügge. Sie brütet zweimal im Jahr.

Altvogel

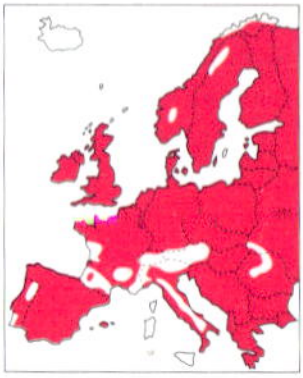

Altvögel

26.06.05 FÄHRE KETZIN (HAVEL) 2 RAUCHSCHWALBEN AUF DEM STAHLSEIL SITZEND WÄHREND DER ÜBERFAHRT AUS NÄCHSTER NÄHE. – 15.06.08 MILNA (HVAR, CROATIA) PENSION TUDOR 6 JUNGVÖGEL IM NEST ÜBER (UNTER-)LAMPE.

17–19 cm

J	F	M	A	M	J
J	A	S	O	N	D

Rauchschwalbe

Hirundo rustica

Größe:
Kleiner als Mauersegler

Merkmale:
Altvogel mit blauschwarzem Rücken, heller Unterseite, mattrotem Kinn, langem Gabelschwanz. Jungvogel mit viel kürzerem Schwanz. Im Flug dunkler Rücken, helle Unterseite, spitze Schwingen, Gabelschwanz

Schnabel:
Kurz und breit

Stimme:
Scharfes »Chisick« im Flug, zwitschernder Gesang

Ähnliche Arten:
Mehlschwalbe, Uferschwalbe, Mauersegler

Dieser Sommerzugvogel kommt jeden Frühling aus Afrika zu uns. Die Rauchschwalben sitzen oft auf Telefonleitungen oder fliegen im Sturzflug niedrig über Wiesen, Weiden und offene Gewässer. Waldgebiete und Städte werden aber von ihnen gemieden. Das tellerförmige Schlammnest wird verborgen in einer Scheune oder ähnlichem Gebäude angelegt. Die 4–5 Jungen schlüpfen nach 15 Tagen und sind nach 20 Tagen flügge.

Altvogel

15.06.09 BEIM SCHWIMMEN IN DER BUCHT VON MILNA (INSEL HVAR/KROATIEN)

12.5 cm

J	F	M	A	M	J
J	A	S	O	N	D

Mehlschwalbe

Delichon urbica

Größe:
Kleiner als Rauchschwalbe

Merkmale:
Blauschwarzer Rücken, weiße Unterseite, weißer Bürzel. Im Flug weniger kräftig als Rauchschwalbe, breite, spitze Schwingen, kurzer Gabelschwanz

Schnabel:
Klein, schwarz

Stimme:
Rauhes »Chirrip«, im Alarmzustand eindringliches »Siiihp«

Ähnliche Arten:
Rauchschwalbe, Uferschwalbe

Sie haben bis auf wenige Kolonien das Nisten im Felsen aufgegeben und bauen ihre Nester unter dem Dachgesims von Häusern in Städten und Dörfern. Sie überwintern in Afrika. Als Nahrung dienen ihnen Insekten, die sie im Flug fangen. Die 3–5 Jungen schlüpfen nach 14 Tagen und sind nach 22–32 Tagen flügge. Mehlschwalben brüten zweimal im Jahr, wobei die Jungen der ersten Brut bei der Fütterung der zweiten Brut helfen.

Sommerkleid

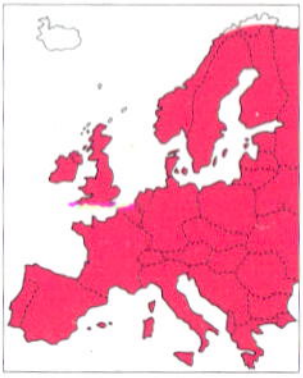

Altvögel

15 cm

J	F	M	A	M	J
J	A	S	O	N	D

Baumpieper

Anthus trivialis

Größe:
Kleiner als Feldlerche

Merkmale:
Sieht schwerer aus und hat längeren Schwanz als Wiesenpieper. Gestreifter Rücken, dicke Punkte auf der Brust, feine Streifen auf den Flanken, wippt mit dem Schwanz. Im Singflug in Spiralen aufsteigend; läßt sich langsam zu einem Baum oder Busch herabgleiten

Schnabel:
Ziemlich schwer für einen Pieper

Stimme:
Ruf ist ein rauhes »Bzzitt«, der Gesang ist eine Reihe von Trillern, die in ein »Zia-zia-zia-zia« übergehen

Ähnliche Arten:
Wiesenpieper, Feldlerche, Heidelerche

Er startet von Bäumen und Büschen zu seinem schönen Singflug. Er brütet auf Heiden, Grasland oder gerade gefällten Waldgebieten, wo er immer vereinzelt stehende Bäume benötigt. Sein Winterquartier ist Afrika. Als Nahrung dienen ihm vorwiegend Insekten. Das Nest wird am Boden angelegt. Die 2–6 Jungvögel schlüpfen nach zwölf Tagen und sind nach zwölf Tagen flügge. Baumpieper brüten ein- oder zweimal im Jahr.

Sommerkleid

14.5 cm

J	F	M	A	M	J
J	A	S	O	N	D

Wiesenpieper

Anthus pratensis

Größe:
Ähnlich dem Haussperling

Merkmale:
Braun mit dunkleren Streifen auf dem Rücken, Streifen auf der Brust und den Seiten sind einheitlich groß und geformt, Schwanz kürzer als beim Baumpieper. Im Flug zögernd, weiße, äußere Schwanzfedern. Vogel singt beim Aufsteigen und beim Herabsegeln mit aufgerichtetem Schwanz und baumelnden Beinen

Schnabel:
Dünn, spitz

Stimme:
Gesang ist eine Reihe von schnellen und langsamer werdenden Tönen, Flugruf »tsip«

Ähnliche Arten:
Baumpieper, Strandpieper, Feldlerche

Der Wiesenpieper braucht keine Bäume für seinen Singflug. Er balzt und singt in der Luft. Seine Nistplätze liegen in offenen Landgegenden, Wiesengebieten, Hochlandmooren und Flachlandsümpfen in Nordeuropa. Im Winter ziehen die Vögel aus dem Norden, Osten und dem Hochland an mildere Standorte, zum Beispiel bewirtschaftetes Gebiet. Die 3–5 Jungen schlüpfen nach 13 Tagen und sind nach zwölf Tagen flügge.

Altvogel

Singflug

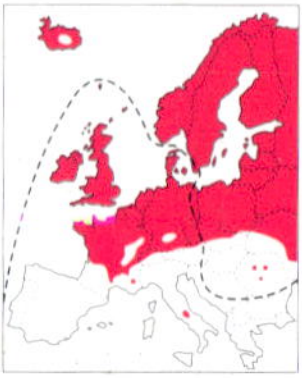

17 cm

J	F	M	A	M	J
J	A	S	O	N	D

Strandpieper

Anthus petrosus

Größe:
Größer als Wiesenpieper

Merkmale:
Südliche Unterart mit dunklen, starken Streifen auf der Brust, nördliche Unterart weniger gestreift, weniger Brustmarkierungen und gelegentlich rosa getönt. Im Flug graue Außenschwanzfedern, sehr beweglich, absinkender Balzflug

Schnabel:
Fein, dunkel

Stimme:
Sein »Tsiep« ist weniger schrill als beim Wiesenpieper

Ähnliche Arten:
Wiesenpieper, Bergpieper

Der Strandpieper brütet an den felsigen Küsten in Nordwesteuropa. Die nördlichen Populationen ziehen in den Südwesten, andere bleiben seßhaft. Er ernährt sich von Insekten, kleinen Schnecken und Muscheln, die er zwischen den Felsen findet. Er ist gut getarnt, bis er auffliegt. Beim Singflug ist er jedoch nicht zu übersehen. Das Nest wird in einem Loch in einem Felsen oder am Ufer angelegt. Die südlichen Vögel brüten zweimal.

Altvogel

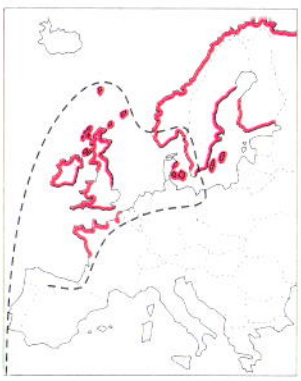

17 cm

J	F	M	A	M	J
J	A	S	O	N	D

Bergpieper

Anthus spinoletta

Größe:
Größer als Wiesenpieper

Merkmale:
Heller Überaugenstreif, weiße Flügelleiste, längerer Schwanz als der Strandpieper, weiße Flügelunterseite. Sommerkleid oberseits graubraun, hellrosa Brust ohne Punkte. Im Winterkleid hell gestreifte Brust. Flug direkt und völlig gerade

Schnabel:
Kürzer als beim Strandpieper

Stimme:
Wie Strandpieper, aber leiser

Ähnliche Arten:
Strandpieper, Wiesenpieper

Dieser helle Pieper brütet in den Bergen Südeuropas, in Feuchtwiesen, oft nahe der Schneegrenze. Im Herbst zieht er zu tiefer gelegenen Standorten und besucht überschwemmte Wiesen, Flußmündungen und Küstensümpfe. Man trifft ihn oft allein an, doch gelegentlich bildet er Schwärme. Das Nest wird durch Pflanzen geschützt am Ufer angelegt. Die 4–6 Jungen schlüpfen nach 14 Tagen und sind nach 14 Tagen flügge.

Altvogel

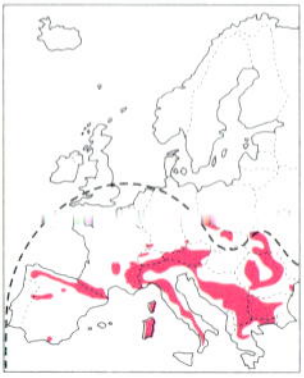

6.7.00 AHRWEILER / EIFEL
JUNI 03 · BITBURG (FUSSWEG NACH ERDORF)

17 cm

J	F	M	A	M	J
J	A	S	O	N	D

Schafstelze

Motacilla flava

Größe:
Kleiner als Bachstelze

Merkmale:
Männchen mit gelber Unterseite, Kopf gelb, blaugrau oder schwarz, Rücken gelbgrün; der lange Schwanz wippt auf und ab. Weibchen heller als Männchen. Jungvogel wie Weibchen, gelegentlich nicht gelb. Im Flug schlank, langer Schwanz mit weißen Rändern

Schnabel:
Dünn, spitz

Stimme:
Ruf ist ein klares »Tsuiep«

Ähnliche Arten:
Gebirgsstelze, Goldammer

Dieser elegante Vogel sieht in verschiedenen Teilen Europas ganz unterschiedlich aus. Die Schafstelze überwintert in Afrika. Ihre Kopffarbe reicht von Gelb über Blau und Grau bis Schwarz. Sie ernährt sich von Insekten und brütet in Wiesen und am Rande von Feuchtgebieten. Das Nest wird am Boden angelegt, besteht aus Gras und ist mit Wolle oder Flaum ausgekleidet. Die 4–6 Jungen schlüpfen nach zwölf Tagen.

Männchen im Sommerkleid (Unterart mit gelbem Kopf)

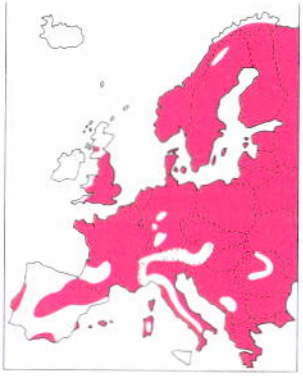

18–19 cm

J	F	M	A	M	J
J	A	S	O	N	D

Gebirgsstelze

Motacilla cinerea

Größe:
Ähnlich wie Bachstelze

Merkmale:
Schlank, sehr langer Schwanz, der stetig wippt, blaugrauer Kopf und Rücken, Schwanzunterseite gelb. Männchen im Sommer mit schwarzer Kehle und gelber Brust. Weibchen mit hellerer Unterseite und weißer Kehle. Im Flug sprunghaft, sehr schlank und langschwänzig mit einzelner Flügelleiste

Schnabel:
Dunkelgrau, schlank

Stimme:
Kurzes, schrilles »Tzi-zit«

Ähnliche Arten:
Schafstelze

Die Gebirgsstelze lebt in Gebieten mit schnell fließenden Gewässern, Felsen, die als Sitzwarten dienen, Felsvorsprüngen zum Nisten und Bäumen. Sie nistet oft an Gebirgsflüssen und zieht im Winter zu tiefergelegenen Gewässern. Diese Stelze ernährt sich von Insekten, die sie vom Boden aufpickt. Das Nest wird in einer Felsspalte angelegt. Die 4-6 Jungen schlüpfen nach elf Tagen und sind nach 13 Tagen flügge. Sie brütet zweimal.

Männchen im Sommerkleid

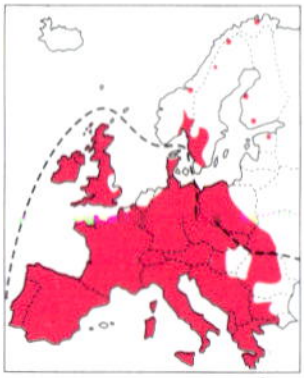

18 cm

J	F	M	A	M	J
J	A	S	O	N	D

Bachstelze

Motacilla alba

Größe:
Größer als Haussperling

Merkmale:
Altvogel schwarz und weiß oder grau und weiß, langer Schwanz, mit weißen Rändern, wippt dauernd auf und ab. Jungvogel brauner, mit weniger ausgeprägten Merkmalen und dunklem Fleck auf der Brust. Im Flug sprunghaft, oft rufend

Schnabel:
Fein, schwarz

Stimme:
Zwitschernder Gesang, Flugruf »tsi-witt«

Ähnliche Arten:
Gebirgsstelze

Diese anpassungsfähige Stelze lebt in der Nähe von stehenden oder fließenden Gewässern. Im Winter lassen sich oft in Stadtnähe große Schwärme gemeinsam nieder. Das Nest wird in einem Loch oder einer Spalte angelegt. Die 5–6 Jungen schlüpfen nach zwölf Tagen und sind nach 13 Tagen flügge. Die Bachstelze brütet zweimal im Jahr. Die Unterart auf dem europäischen Festland ist heller als die auf den Britischen Inseln.

Männchen

18 cm

J	F	M	A	M	J
J	A	S	O	N	D

Seidenschwanz

Bombycilla garrulus

Größe:
Kleiner als Star

Merkmale:
Rosabraun mit Haube, rote, wachsartige Armschwingenspitzen. Im Flug Profil ähnlich einem schlanken Star

Schnabel:
Kurz, kräftig, dunkel

Stimme:
Trällerndes »Srr«

Ähnliche Arten:
Unverwechselbar

Der Seidenschwanz lebt in nördlichen Wäldern und ernährt sich im Sommer von Insekten und im Winter von Früchten. Bei ausreichendem Nahrungsangebot besiedelt er auch neue Gebiete. In manchen Wintern ziehen große Schwärme nach Futter suchend über Europa und lassen sich in Gärten und Stadtparks nieder, wo sie Beeren von Zierpflanzen fressen. Das Nest besteht aus Ästen und ist mit Gras und Moos ausgekleidet.

Winterkleid

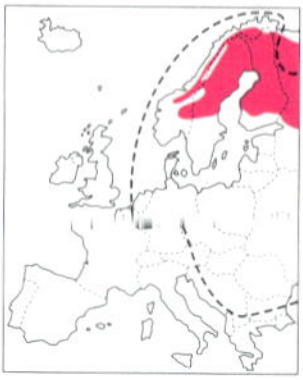

18 cm

J	F	M	A	M	J
J	A	S	O	N	D

Wasseramsel

Cinclus cinclus

Größe:
Kleiner als Star

Merkmale:
Pummelig, mit kurzem, aufgerichtetem Schwanz. Schwarz und dunkelbraun, Brust und Kinn weiß, die Unterart in Großbritannien hat unter dem weißen Kinn ein kastanienfarbenes Band. Jungvogel grau, verschwommenes Brust-Kinn-Muster, sieht schuppenartig aus

Schnabel:
Kurz, dunkel

Stimme:
Lauter zaunkönigartiger Gesang, Flugruf ist ein schrilles »Zitt«

Ähnliche Arten:
Unverwechselbar

Dieser einzigartig angepaßte Vogel lebt an schnell fließenden Gebirgsflüssen. Die Wasseramsel ernährt sich von Wasserinsekten und ihren Larven, Fischeiern und Mollusken, die sie beim Schwimmen oder Tauchen holt. Sie baut ein kuppelförmiges Nest in einer natürlichen oder künstlichen Höhle. Die vier oder fünf Jungen schlüpfen nach 16 Tagen und sind nach 22 Tagen flügge. Im Jahr brütet sie ein- oder zweimal.

Altvogel

Altvogel mit kastanienfarbenem Bauch (nur in Großbritannien)

Altvogel

9–10 cm

J	F	M	A	M	J
J	A	S	O	N	D

Zaunkönig

Troglodytes troglodytes

Größe:
Kleiner als Blaumeise

Merkmale:
Winzig, pummelig, kurzer Schwanz, der oft über dem Rücken aufgerichtet ist, braun mit feinen, schwarzen Streifen, hellere Unterseite, heller Überaugenstreif. Im Flug schnell, schwirrend, breite, abgerundete Schwingen

Schnabel:
Lang, dunkel

Stimme:
Schnelles, lautes Schmettern, das in ein Trillern übergeht, ruft laut »tjeck-tjeck«

Ähnliche Arten:
Heckenbraunelle, Wintergoldhähnchen

Der Zaunkönig ist neben dem Goldhähnchen der kleinste Vogel Europas. Er bewohnt viele Plätze mit geringer Deckung, kleine Inseln, aber auch Berge. Durch strenge Winter wird gelegentlich sein Bestand dezimiert, doch erholen sich die Populationen innerhalb weniger Jahre wieder. Er frißt Insekten, vorwiegend Käfer und Spinnen. Das Männchen baut mehrere kuppelförmige Nester, von denen das Weibchen eines aussucht.

Altvogel

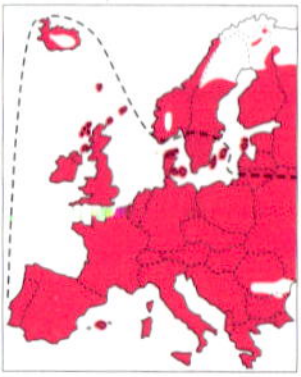

14.5 cm

J	F	M	A	M	J
J	A	S	O	N	D

Heckenbraunelle

Prunella modularis

Größe:
Ähnlich dem Haussperling

Merkmale:
Altvogel mit sperlingsartigem Rumpf, Kopf und Brust blaugrau, flattert nervös mit den Flügeln. Flug gewöhnlich niedrig. Abgerundete Schwingen

Schnabel:
Kurz, fein, schwarz

Stimme:
Gesang zaunkönigartig, jedoch langsamer und ohne Trillern, lauter pfeifender Ruf

Ähnliche Arten:
Zaunkönig, Rotkehlchen, Haussperling

Dieser Vogel ist in Europa weit verbreitet, verhält sich jedoch unauffällig. Mit ruckartigen Bewegungen kriecht er ähnlich wie eine Maus. Die meisten Territorien werden von Paaren eingenommen, zu denen sich manchmal ein zweites Männchen oder zusätzliche Weibchen gesellen. Das Nest wird in einer Hecke oder einem Strauch angelegt. Die 4–6 Jungen der Braunelle schlüpfen nach zwölf Tagen und sind nach elf Tagen flügge.

Altvogel

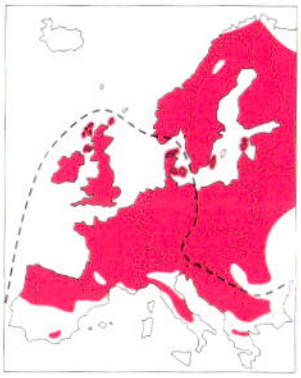

Jungvogel

14 cm

J	F	M	A	M	J
J	A	S	O	N	D

Rotkehlchen

Erithacus rubecula

Größe:
Sperlingsgröße

Merkmale:
Altvogel plump, kurzer Hals, braun, Gesicht und Brust rot, Bauch weiß. Jungvogel braun und gesprenkelt. Im Flug weiße Schwanzunterseite

Schnabel:
Schwarz und schlank

Stimme:
Flötender Gesang, im Herbst und Winter langsamer und voller

Ähnliche Arten:
Heckenbraunelle, Gartenrotschwanz, Gimpel, Buchfink

Das Rotkehlchen ist in einigen Teilen Europas ein scheuer Waldbewohner, andernorts ist es zahm und lebt in den Gärten. Die nordosteuropäischen Rotkehlchen überwintern meist im Mittelmeerraum. Das Nest aus Gras und Blättern wird zwischen Wurzeln oder an anderen geschützten Stellen angelegt. Die 4–6 Jungen schlüpfen nach 13 Tagen und sind nach 13 Tagen flügge. Das Rotkehlchen brütet zwei- oder dreimal im Jahr.

Altvogel

Jungvogel

16.5 cm

J	F	M	A	M	J
J	A	S	O	N	D

Nachtigall

Luscinia megarhynchos

Größe:
Größer als Rotkehlchen

Merkmale:
Altvogel mit sattbrauner Oberseite, hellerer Unterseite, rötlichem Schwanz, großen Augen. Jungvogel dunkle und helle Punkte auf dem Rücken, dunkle Punkte auf der Brust. Im Flug langflügeliger und kräftiger als Rotkehlchen

Schnabel:
Braun mit heller Wurzel

Stimme:
Wohlklingender Gesang mit vollen, tiefen, flötenden und schlagenden, sich wiederholenden Tönen und Trillern

Ähnliche Arten:
Rotkehlchen, Gartenrotschwanz

Die Nachtigall lebt sehr zurückgezogen in Wäldern und im Dickicht und ist eher zu hören als zu sehen. Im Frühling hört man ihren schönen Gesang am Tag und in der Nacht. Als Nahrung dienen ihr vorwiegend Insekten wie Ameisen und Käfer. Die vier oder fünf Jungen schlüpfen nach 13 Tagen und sind nach elf Tagen flügge. Im Herbst zieht die Nachtigall nach Afrika.

Altvogel

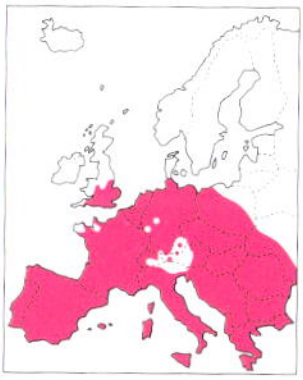

Jungvogel

12.7.2000 AHRWEILER
6.4.05 BABELSBERG

14.5 cm

J	F	M	A	M	J
J	A	S	O	N	D

Hausrotschwanz

Phoenicurus ochruros

Größe:
Wie Rotkehlchen

Merkmale:
Männchen im Sommerkleid dunkelgrau, heller Flügelfleck, rostroter Schwanz, im Winterkleid ähnlich dem Weibchen. Weibchen heller als Männchen. Im Flug rotkehlchenartiges Verhalten, roter Schwanz und Bürzel kontrastieren mit dunklem Körper

Schnabel:
Fein, schwarz

Stimme:
Schneller, trällernder Gesang, der in ein metallisches Knirschen übergeht, ruft wiederholt »tsip«, beunruhigt hartes »Tack-tack«

Ähnliche Arten:
Gartenrotschwanz

Der Hausrotschwanz lebt in entlegenen Bergregionen oder in geschäftigen Stadtzentren und gelegentlich in Industriegebieten, wo er auf Dachfirsten singt. Er frißt Insekten und Früchte. Im Sommer zieht er nach Mitteleuropa und überwintert in flacher gelegenen Gebieten und an der Küste. Die 4–6 Jungen schlüpfen nach 13 Tagen und sind nach zwölf Tagen flügge. Er brütet zweimal im Jahr.

Männchen

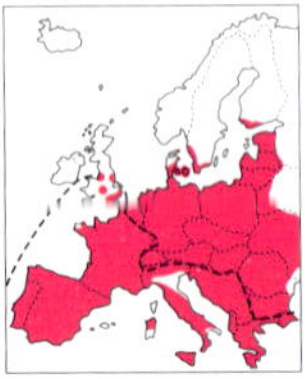

Weibchen

JULI 2000 AHRWEILER

 ~~APRIL 2005 BAISBERGANG~~

 GOETHESTR. 39

14 cm

J	F	M	A	M	J
J	A	S	O	N	D

Gartenrotschwanz

Phoenicurus phoenicurus

Größe:
Rotkehlchenähnlich

Merkmale:
Männchen (brütend) mit rotem Schwanz und schwarzem Mittelstreifen, rötliche Unterseite, grauer Rücken, schwarzes Gesicht, weiße Stirn. Weibchen mit braunem Rumpf, unterseits heller, roter Schwanz. Im Flug lebhaft, fliegt aus dem Stand hoch, um nach fliegenden Insekten zu schnappen

Schnabel:
Fein, schwarz

Stimme:
Gesang mit mechanischem Rasseln am Ende, ruft »hüivitt«

Ähnliche Arten:
Hausrotschwanz, Nachtigall

Der Gartenrotschwanz ist schlanker als das Rotkehlchen und hat einen zitternden, roten Schwanz. Er zieht im Sommer in Europas offene Waldgebiete und Parks. Sein Winterquartier ist Afrika. In einigen Regionen lebt er auch in Städten. Er frißt meist Insekten, die er am Boden unter Blättern und Zweigen findet. Die 4–5 Jungen schlüpfen nach zwölf Tagen und sind nach 14 Tagen flügge.

Männchen im Sommerkleid

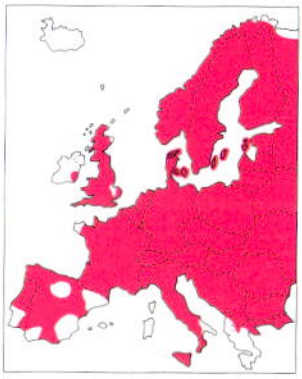

Weibchen

12.5 cm

J	F	M	A	M	J
J	A	S	O	N	D

Braunkehlchen

Saxicola rubetra

Größe:
Kleiner als Rotkehlchen

Merkmale:
Abgeflachter Kopf, sitzt aufrecht. Männchen mit Überaugenstreif, dunkle Wangen, weiße Flecken auf den Flügeln, gesprenkelter Rücken und Kopfplatte, rosa Brust. Weibchen heller und weniger ausgeprägt gezeichnet. Im Flug kreuzförmig, Schwingen ziemlich lang und spitz, weiße Flecken an der Schwanzwurzel

Schnabel:
Fein, schwarz

Stimme:
Ruft scharf »tick-tick«

Ähnliche Arten:
Schwarzkehlchen, Steinschmätzer

Das Braunkehlchen zieht im Sommer nach Mittel- und Nordeuropa und überwintert in Afrika. Es lebt in offenen Landregionen mit Wiesen, Weiden, jungem Pflanzenbestand und Eisenbahn- und Straßenrändern. Regelmäßig sucht es seine Warten auf Bäumen, Masten und Leitungen auf. Das Nest wird am Boden zwischen Pflanzen angelegt. Die 4–7 Jungen schlüpfen nach zwölf Tagen und sind nach 5–6 Tagen flügge.

Männchen

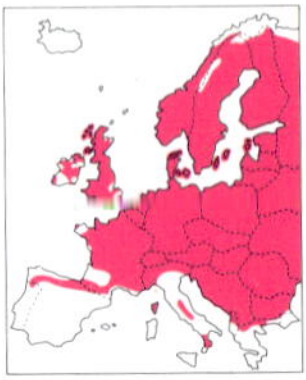

12.5 cm

J	F	M	A	M	J
J	A	S	O	N	D

Schwarzkehlchen

Saxicola torquata

Größe:
Kleiner als Rotkehlchen

Merkmale:
Kurzer Schwanz, plump, runder Kopf, nervös wirkend. Männchen (brütend) mit schwarzem Kopf, weißem Hals, orangeroter Brust. Weibchen ohne starke Musterung des Männchens. Im Flug schwirrende, kurze, abgerundete Schwingen, weißer Schulterfleck, heller Bürzel, rüttelt gelegentlich

Schnabel:
Klein, schwarz

Stimme:
Hartes »Tack-tack«, wie gegeneinander geschlagene Steine

Ähnliche Arten:
Braunkehlchen

Das Schwarzkehlchen benötigt Grasgebiete und gut geschützte Standorte zum Nisten und geeignete Warten oder Singwarten. In einigen Regionen ist das Schwarzkehlchen seßhaft, in anderen ist es ziehend. Die 4–6 Jungen schlüpfen nach 13 Tagen und sind nach 13 Tagen flügge. Sie sind zunächst für einige Tage von beiden Eltern abhängig, dann nur noch vom Männchen, da das Weibchen die nächste Brut vorbereitet.

Männchen im Sommerkleid

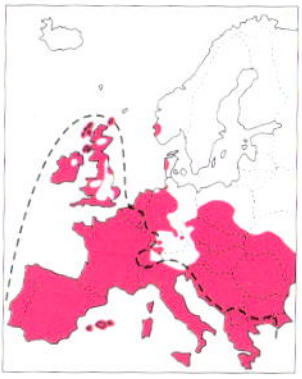

14.5–15.5 cm

J	F	M	A	M	J
J	A	S	O	N	D

Steinschmätzer

Oenanthe oenanthe

Größe:
Etwas größer als Rotkehlchen

Merkmale:
Weißer Bürzel, kurzer, schwarzer Schwanz, aufrecht sitzend, wippt mit Schwanz. Männchen (brütend) mit schwarzen Wangen, sandfarbener Brust, blaugrauem Rücken, nichtbrütend mit weniger ausgeprägter Zeichnung. Weibchen und Jungvogel gelbbraun. Im Flug weißer Bürzel, schwarzer Schwanz, rüttelt gelegentlich

Schnabel:
Fein, schwarz

Stimme:
Knirschender Gesang, schriller Ruf »tschäck«

Ähnliche Arten:
Braunkehlchen

Der Steinschmätzer ist ein Langstreckenzugvogel, der aus Afrika nach Europa und sogar bis nach Grönland oder Sibirien zieht. Er brütet in offenen Landregionen mit kargen Gegenden. Ziehende Steinschmätzer besuchen Strände und Grasgebiete. Das Nest wird in Löchern, Spalten oder Höhlen angelegt. Die 4–7 Jungvögel schlüpfen nach 13 Tagen, verlassen das Nest schon nach zehn Tagen und sind nach 15 Tagen flügge.

Männchen im Brutgefieder

Weibchen

23–24 cm

J	F	M	A	M	J
J	A	S	O	N	D

Ringdrossel

Turdus torquatus

Größe:
Etwas kleiner als Amsel

Merkmale:
Männchen in Westeuropa rußig schwarz, heller, sichelförmiger Fleck auf der Brust, heller Fleck auf den Schwingen, in Osteuropa heller mit kräftigem, weißem Flügelfleck, sieht sehr geschuppt aus. Weibchen brauner, Sichelfleck weniger deutlich, schuppig aussehend. Jungvogel ohne Sichelfleck, grauer als Amsel. Im Flug schnell und gezielt

Schnabel:
Orange, dunkle Spitze

Stimme:
Flötender Gesang, Ruf laut ratterndes »Tack-tack-tack«

Ähnliche Arten:
Amsel

Die Ringdrossel, eine Bergamsel, lebt im Sommer an Mooren, Felsspitzen, Kanälen und Geröllhalden. Im Sommer zieht die Drossel nach Nordafrika, jedoch bleiben einige Exemplare im Mittelmeerraum. Sie ernährt sich von Insekten, Würmern und Beeren. Das Nest wird in niedriger Vegetation, auf einem Felsvorsprung oder in Nadelbäumen angelegt. Die vier Jungen schlüpfen nach zwölf Tagen und sind nach 14 Tagen flügge.

Männchen im Sommerkleid

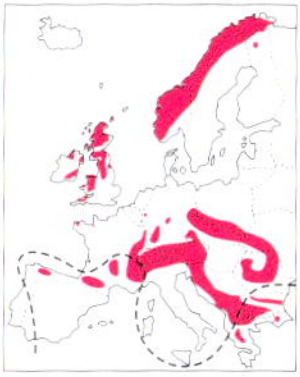

Weibchen

Jungvogel

24–25 cm

J	F	M	A	M	J
J	A	S	O	N	D

Amsel

Turdus merula

Größe:
Größer als Singdrossel

Merkmale:
Männchen vollkommen schwarz, gelber Augenring. Weibchen dunkelbraun, helles Kinn, Oberseite und Brust leicht gepunktet

Schnabel:
Beim Männchen gelb, beim Weibchen braun

Stimme:
Klarer und flötender Gesang, der am Ende in der Tonhöhe abfällt

Ähnliche Arten:
Ringdrossel

Für die Amsel ist charakteristisch, daß sie beim Landen den Schwanz aufrichtet. Unter Bäumen und Sträuchern sucht sie unter abgestorbenen Blättern nach Würmern und anderen Wirbellosen. Sie frißt auch Beeren. Das Nest wird in einem Baum oder Busch angelegt. Die 3–5 Jungen schlüpfen nach 13 Tagen und sind nach 13 Tagen flügge. Ursprünglich ist die Amsel ein Waldvogel, eroberte jedoch Gärten und Siedlungen.

Männchen

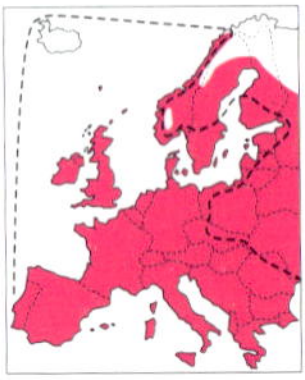

Weibchen

Jungvogel

25.5 cm

J	F	M	A	M	J
J	A	S	O	N	D

Wacholderdrossel

Turdus pilaris

Größe:
Etwas größer als Amsel

Merkmale:
Kastanienfarbener Rücken, dunkler Schwanz, Kopf und Bürzel grau, dicke Punkte auf gelblicher Brust. Im Flug Flügelunterseite weiß, an einige kräfige Flügelschläge schließen sich Gleitflüge an

Schnabel:
Gelb, dunkle Spitze im Winter

Stimme:
Glucksender Gesang, lauter Ruf »tschack-tschack«, der oft im Flug ertönt

Ähnliche Arten:
Misteldrossel

Diese große Drossel bewohnt nördliche Birken- oder Nadelwälder, sucht aber häufig freie Regionen auf. In manchen Gegenden ist sie sogar in Städten heimisch geworden. Sie überwintert in Schwärmen in Mittel- und Südeuropa. Das Nest wird im Baum nahe dem Stamm angelegt. Die 5–6 Jungen schlüpfen nach zehn Tagen und sind nach zwölf Tagen flügge. Sie bleiben jedoch noch weitere drei oder vier Wochen bei den Eltern.

Altvogel

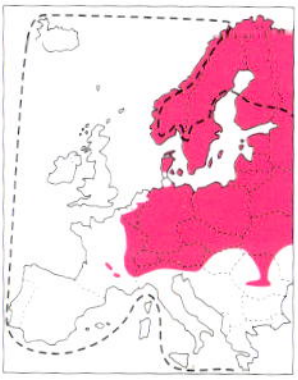

Altvogel

23 cm

J	F	M	A	M	J
J	A	S	O	N	D

Singdrossel

Turdus philomelos

Größe:
Kleiner als Amsel

Merkmale:
Altvogel mit recht kurzem Schwanz, oberseits braun, unterseits hell mit vielen kleinen Punkten. Jungvogel mit gelbbraunen Punkten auf Rücken und Kopf. Im Flug orangefarbene Flügelunterseite, schneller und direkter Flug

Schnabel:
Dunkelbraun, gelbe Wurzel

Stimme:
Gesang besteht aus lauten, oft geflöteten Tönen, die mehrmals wiederholt werden und dann durch andere Töne ersetzt werden. Ruf ist ein scharfes »Zipp«

Ähnliche Arten:
Misteldrossel, Rotdrossel

Die Singdrossel ernährt sich, wie viele andere Drosseln, unter anderem auch von Schnecken. Doch nur sie verwendet zum Öffnen der Gehäuse einen Stein oder andere harte Gegenstände, die immer wieder benutzt werden. Sie bewohnt Gegenden mit Bäumen, Büschen und offenem Grasland. Die 3–5 Jungen schlüpfen nach 13 Tagen und sind nach 13 Tagen flügge. Die Singdrossel brütet zwei- oder dreimal im Jahr.

Altvogel

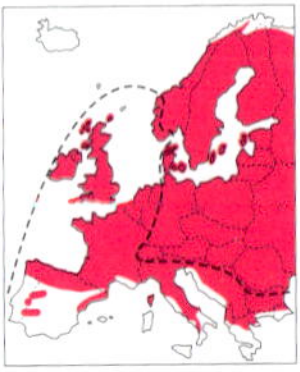

Jungvogel

Altvogel

21 cm

J	F	M	A	M	J
J	A	S	O	N	D

Rotdrossel

Turdus iliacus

Größe:
Etwas kleiner als Singdrossel

Merkmale:
Dunkler als Singdrossel, weißer Überaugenstreif, rötliche Flanken. Im Flug rote Flügelunterseite

Schnabel:
Dunkel, gelbliche Wurzel

Stimme:
Gesang besteht aus lauten Flötentönen, an die sich ein schnelles Zwitschern anschließt, der Ruf ist ein eindringliches »Tsiep«, das oft im Flug zu hören ist

Ähnliche Arten:
Singdrossel

Diese kleine Drossel bewohnt die nördlichen europäischen Waldgebiete und zieht im Herbst nach Süden. Oft zieht sie erst im Dunkeln; der hohe Kontaktruf ist gut zu hören, wenn die Schwärme über den Beobachter hinwegziehen. Im Winter ernährt sie sich von Beeren oder sucht nach Würmern im niedrigen Gras. Gegenüber extremer Kälte ist sie sehr empfindlich und sucht sofort Gegenden mit milderen Bedingungen auf.

Altvogel

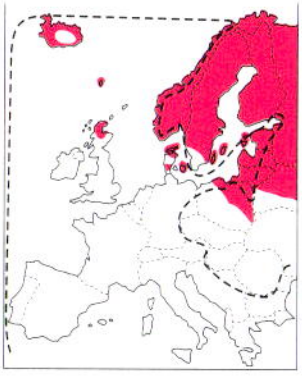

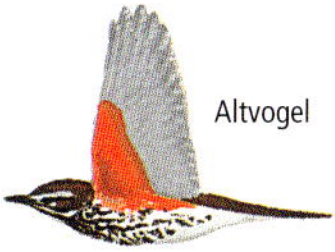

Altvogel

27 cm

J	F	M	A	M	J
J	A	S	O	N	D

Misteldrossel

Turdus viscivorus

Größe:
Größte Drossel

Merkmale:
Altvogel größer und grauer als Singdrossel, ziemlich kleiner Kopf, helle Brust mit großen Punkten, weiße Spitzen an den äußeren Schwanzfedern. Jungvogel oberseits gepunktet. Im Flug kraftvoll, direkt, Flügelunterseite weiß

Schnabel:
Dunkel

Stimme:
Laut, klar, weniger Töne als bei Amsel, singt oft bei aufkommendem Sturm, ruft mit rasselndem Geschnatter

Ähnliche Arten:
Wacholderdrossel, Singdrossel

Diese kräftige, aufrechte Drossel verteidigt ein riesiges Brutgebiet im offenen Waldgebiet oder in Parks. Die nördlichen Populationen sind Zugvögel. Misteldrosseln ernähren sich von Wirbellosen und Früchten. Im Winter verteidigen sie oft eine besonders gute Nahrungsquelle wie z. B. einen früchtetragenden Baum. Die 3–5 Jungen schlüpfen nach zwölf Tagen und sind nach zwölf Tagen flügge. Die Misteldrossel brütet zweimal.

Altvogel

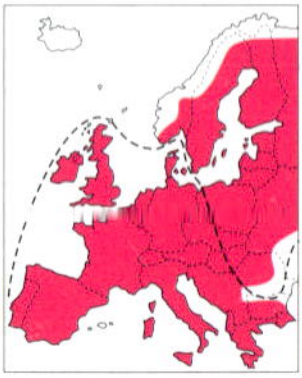

13.5 cm

J	F	M	A	M	J
J	A	S	O	N	D

Seidensänger

Cettia cetti

Größe:
Etwas größer als Haussperling

Merkmale:
Ähnelt einem großen Zaunkönig, rötlichbraun, hellere Unterseite, heller Überaugenstreif, breiter, abgerundeter Schwanz, der oft aufgerichtet ist. Im Flug schnell von Strauch zu Strauch huschend

Schnabel:
Fein, dunkel

Stimme:
Plötzlicher, lauter Ausbruch des schnellen, sprudelnden Gesangs

Ähnliche Arten:
Teichrohrsänger, Schilfrohrsänger

Diese südeuropäische Grasmückenart hat sich seit einigen Jahren auch nach Norden ausgebreitet. Der Seidensänger lebt sehr verborgen in Sümpfen oder in der Nähe von Flüssen und ernährt sich von Insekten. Sein Gesang ist unverwechselbar. Die Männchen haben bis zu vier Weibchen. Die 4–5 Jungen schlüpfen nach 16 Tagen und sind nach 14 Tagen flügge. Sie bleiben noch etwa einen Monat bei den Eltern. Seidensänger brüten zweimal.

Altvogel

Altvogel

12.5 cm

J	F	M	A	M	J
J	A	S	O	N	D

Feldschwirl

Locustella naevia

Größe:
Kleiner als Haussperling

Merkmale:
Schwacher Überaugenstreif, oberseits braun gestreift, unterseits heller, abgerundeter Schwanz. Im Flug ist abgerundeter Schwanz manchmal sichtbar

Schnabel:
Fein, dunkel, mit gelblicher Wurzel

Stimme:
Insektenähnlicher, abspulender Gesang, der minutenweise, ohne Pause, vorgetragen wird

Ähnliche Arten:
Seidensänger, Schilfrohrsänger

Der leiernde Gesang des Feldschwirls ist Tag und Nacht zu hören. Es ist jedoch schwierig, diesen scheuen Vogel zu beobachten, da er sich immer gut getarnt bewegt. Sein Winterquartier ist Afrika, welches er nach langen, ununterbrochenen Flügen erreicht. Im Sommer lebt der Feldschwirl in Wiesen, Jungpflanzungen oder am Rande von Feuchtgebieten. Die 5-6 Jungen schlüpfen nach 10-12 Tagen.

Altvogel

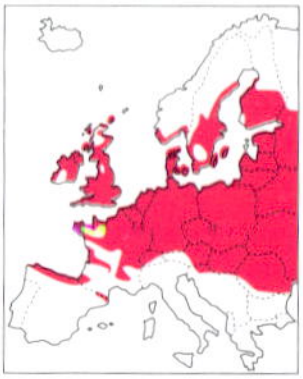

Altvogel

13 cm

J	F	M	A	M	J
J	A	S	O	N	D

Schilfrohrsänger

Acrocephalus schoenobaenus

Größe:
Kleiner als Haussperling

Merkmale:
Oberseits gestreift, unterseits heller, gelblicher Bürzel, weißer Überaugenstreif, dunkle Kopfplatte. Im Flug zwischen den Pflanzen huschend, bei kurzem Balzflug singt er oft

Schnabel:
Schwarz, mit gelber Wurzel

Stimme:
Gesang sehr vielfältig mit harten, knirschenden Tönen und sperlingartigem Tschirpen

Ähnliche Arten:
Teichrohrsänger, Klappergrasmücke

Der Schilfrohrsänger ist vorwiegend Sommergast in der dichten Vegetation an Seen und Flüssen. Im Herbst kehrt er nach einem bemerkenswerten Nonstopflug über das Mittelmeer und die Sahara nach Zentral- oder Südafrika zurück. Das Nest wird in weniger als 50 cm Höhe von Pflanzen getragen. Die 5–6 Jungen schlüpfen nach 13 Tagen und sind nach 13 Tagen flügge. Er brütet ein- bis zweimal.

Altvogel

Altvogel

13 cm

J	F	M	A	M	J
J	A	S	O	N	D

Teichrohrsänger

Acrocephalus scirpaceus

Größe:
Kleiner als Haussperling

Merkmale:
Schlichte, braune Oberseiten, hellere Unterseiten, orangefarbener Bürzel, fliehende Stirn. Im Flug zielstrebig über dem Schilf

Schnabel:
Lang, dunkel, hellere Wurzel

Stimme:
Hartes Schnarren, sich wiederholend, weniger vielfältig als der Schilfrohrsänger

Ähnliche Arten:
Schilfrohrsänger, Gartengrasmücke, Seidensänger

Der Teichrohrsänger ist Sommergast in Schilfgürteln um Seen oder an Flußläufen in vielen Teilen Europas. Er ernährt sich von Insekten und Spinnen. Die Nester werden um Pflanzenstengel, insbesondere Schilf, meist über Wasser angelegt. Die 3–5 Jungen schlüpfen nach 9–12 Tagen und sind nach zehn Tagen flügge. Sie bleiben etwa zwei Wochen bei den Eltern. Im Herbst ziehen die Teichrohrsänger nach Afrika zurück.

Altvogel

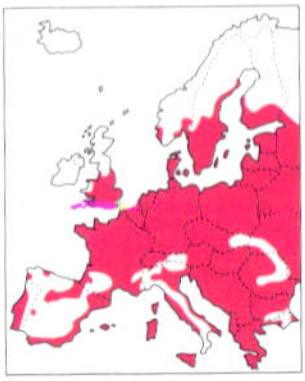

Altvogel

12.5 cm

J	F	M	A	M	J
J	A	S	O	N	D

Provencegrasmücke

Sylvia undata

Größe:
Etwas größer als Blaumeise

Merkmale:
Gewölbter Kopf, langer Schwanz, der über den Rücken gerichtet werden kann. Männchen oberseits dunkelgrau, satte rötliche Unterseite, helle Punkte auf der Kehle. Weibchen und Jungvogel heller als Männchen.

Schnabel:
Fein, braun, helle Wurzel

Stimme:
Kurzes, wiederholtes Trällern, Ruf ist ein hartes »Tack«

Ähnliche Arten:
Dorngrasmücke

Diese kleine, langschwänzige Grasmücke lebt in Flachlandheiden mit Heide und Stechginster, jedoch auch in niedrigem Gebüsch oder offenen Kiefernwäldern in Südwesteuropa. Sie ernährt sich von Insekten und Spinnen. Das tassenförmige Nest wird in niedriger Vegetation angelegt. 3-5 Junge schlüpfen nach zwölf Tagen und sind nach zwölf Tagen flügge. Nach zwei Wochen sind sie unabhängig. Die Provencegrasmücke brütet zweimal im Jahr.

Altvogel

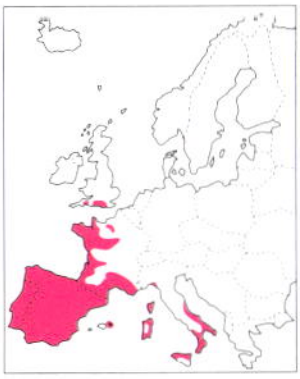

Altvogel

12.5–13.5 cm

J	F	M	A	M	J
J	A	S	O	N	D

Klappergrasmücke

Sylvia curruca

Größe:
Etwas kleiner als Dorngrasmücke

Merkmale:
Oberseits graubraun, hell unterseits, weiße Kehle, grauer Kopf mit dunklen Wangen. Im Flug recht kompakt, zielstrebig zwischen Bäumen

Schnabel:
Klein, dunkel

Stimme:
Ruf ist ein scharfes »Tack«, der Gesang ist ein sehr ruhiges Trällern, das in ein Rasseln übergeht

Ähnliche Arten:
Dorngrasmücke

Diese unauffällige Grasmücke singt während eines kurzen Zeitraums. Sie nistet in Hecken, Gebüschen und kleinen Waldgebieten, die gute Deckung bieten. Überwinterungsgebiet ist überwiegend Nordostafrika; sie macht auch lange Nonstopflüge in Richtung Südosten mit traditionellen Rastplätzen. Ihre Heimkehr erfolgt über eine andere Route. Die 4–6 Jungen schlüpfen nach zehn Tagen.

Altvogel

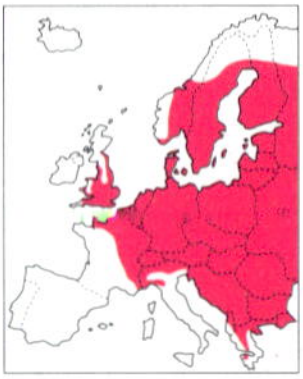

Altvogel

14 cm

J	F	M	A	M	J
J	A	S	O	N	D

Dorngrasmücke

Sylvia communis

Größe:
Wie Blaumeise

Merkmale:
Männchen mit weißer Kehle, grauem Kopf, rötlichbraunen Schwingen, hellrosa oder grauer Brust. Weibchen brauner als Männchen. Im Flug weißrandiger Schwanz, Singflug

Schnabel:
Klein, grau

Stimme:
Ruft laut »tack-tack«

Ähnliche Arten:
Klappergrasmücke

Die Dorngrasmücke ist ein Sommergast in niedrigen, dichten Hecken oder Jungpflanzungen mit Brombeer- oder Rosenbüschen. Ihre Anwesenheit kündigt sie mit einem knirschenden Gesang und einem gleitenden Singflug an. Sie überwintert in der nordafrikanischen Sahelzone. Das tassenförmige Nest wird in niedrigen Sträuchern angelegt. Die 4–5 Jungen schlüpfen nach elf Tagen und sind nach zehn Tagen flügge.

Männchen

14 cm

J	F	M	A	M	J
J	A	S	O	N	D

Gartengrasmücke

Sylvia borin

Größe:
Etwas kleiner als Haussperling

Merkmale:
Schlichte, braune Oberseite, hellere Unterseite. Schwanzende quadratisch

Schnabel:
Kurz, kräftig aussehend, bräunlich

Stimme:
Andauernder Schwall melodiöser Tonfolgen, ruft »tschäck-tschäck«

Ähnliche Arten:
Mönchsgrasmücke, Teichrohrsänger, Zilpzalp

Diese schlichte, ziemlich scheue Grasmücke wohnt im Sommer am Rande von Waldgebieten, in denen das Unterholz am dichtesten ist. Sie ernährt sich von Insekten und Früchten. Ihr Winterquartier ist Zentral- und Südafrika. Die vier oder fünf Jungen schlüpfen nach elf Tagen, sind nach zehn Tagen flügge und bleiben noch zwei Wochen nach dem Verlassen des Nestes bei den Eltern.

Altvogel

Altvogel

13 cm

J	F	M	A	M	J
J	A	S	O	N	D

Mönchsgrasmücke

Sylvia atricapilla

Größe:
Etwas größer als Haussperling

Merkmale:
Männchen mit schwarzer Kopfplatte, grauem Körper, brauneren Flügeln, heller Unterseite. Weibchen graubraun, kastanienbrauner Scheitel. Im Flug direkt, quadratischer Schwanz

Schnabel:
Schwarz, klein

Stimme:
Klarer, perlender, flötender Gesang, variantenreicher als bei Gartengrasmücke

Ähnliche Arten:
Gartengrasmücke, Dorngrasmücke

Den wunderschönen Gesang der Mönchsgrasmücke hört man oft in Waldgebieten, im Dickicht, aber auch in Gärten. Sie ernährt sich von Insekten und Früchten. Im Sommer zieht die westeuropäische Population nach Süden zum Mittelmeer, wo auch andere Mönchsgrasmücken aus dem Osten ankommen. Die Vögel nisten verborgen in dichter Vegetation. 4–6 Junge schlüpfen nach elf Tagen und sind nach weiteren elf Tagen flügge. Sie brüten zwei- oder dreimal.

Altvogel

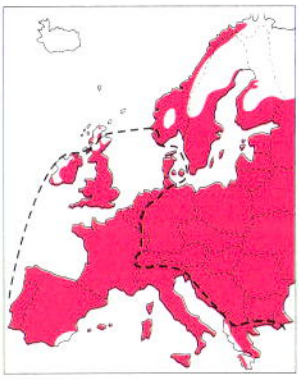

12 cm

J	F	M	A	M	J
J	A	S	O	N	D

Waldlaubsänger

Phylloscopus sibilatrix

Größe:
Etwas größer als Fitis

Merkmale:
Altvogel mit gelbgrüner Oberseite, gelber Brust, die sich scharf vom reinweißen Bauch abhebt. Jungvogel matter. Im Flug ziemlich lange Flügel und kurzer Schwanz; rüttelt; charakteristischer, langsamer Balzflug

Schnabel:
Groß, braun, helle Wurzel

Stimme:
Einzelnes »Witt«, wiederholt und schneller werdend, in ein Trällern übergehend, traurig wirkendes »Püh«

Ähnliche Arten:
Fitis, Zilpzalp

Der Waldlaubsänger bewohnt im Sommer Altholzbestände mit wenig Unterholz. Im Herbst zieht er nach Zentralafrika. Charakteristisch ist sein schöner Gesang und der langsame, schmetterlingsähnliche Balzflug. Häufig rüttelt er, um Nahrung – meist Insekten – von Blattunterseiten zu picken. Das kuppelförmige Nest wird am Boden angelegt. 5-7 Junge schlüpfen nach zwölf Tagen.

Sommerkleid

Frühjahrskleid

Jungvogel

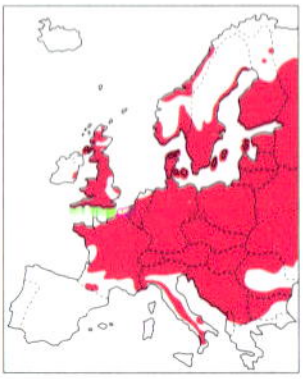

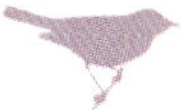

10–11 cm

J	F	M	A	M	J
J	A	S	O	N	D

Zilpzalp

Phylloscopus collybita

Größe:
Kleiner als Blaumeise

Merkmale:
Altvogel oberseits braun, unterseits hellgelblichbraun, schwacher Überaugenstreif, dunkle Beine, stärker abgerundeter Kopf und längerer Schwanz als Fitis. Jungvogel ist meist gelber als Altvogel

Schnabel:
Schwarz, stumpf

Stimme:
Gesang ist ein wiederholtes »Zilp-zalp, zilp-zalp«

Ähnliche Arten:
Fitis, Waldlaubsänger

Dieser Sommergast in den meisten europäischen Wäldern zeichnet sich durch einen sehr einfachen, sich wiederholenden Gesang aus. Im Sommer zieht der Zilpzalp nach Süden und Westen und überwintert im Mittelmeerraum und anderen milden Gegenden. In Bäumen und Sträuchern sucht er nach Insekten. Die 4–7 Jungen schlüpfen nach 13 Tagen und sind nach 16 Tagen flügge.

Sommerkleid

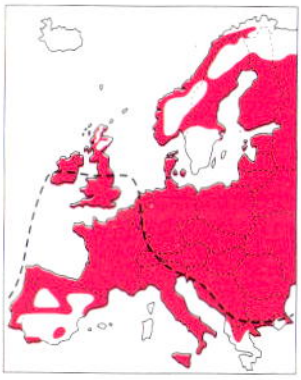

Frühjahrskleid

10.5–11.5 cm

J	F	M	A	M	J
J	A	S	O	N	D

Fitis

Phylloscopus trochilus

Größe:
Kleiner als Blaumeise

Merkmale:
Wie Zilpzalp, jedoch mit anderem Gesang. Helle Beine, schlanker Hinterkörper. Altvogel oberseits braungrün, unterseits gelblich, heller Überaugenstreif; im Herbst heller. Jungvogel hellgelbe Unterseite. Im Flug Schwingen und Schwanz länger als beim Zilpzalp, rüttelt gelegentlich

Schnabel:
Lang, braun

Stimme:
Lieblich klingend, spult eine Tonleiter ab, Ruf ist ein leicht ausgezogenes »Huijt«

Ähnliche Arten:
Waldlaubsänger

Der Fitis, Europas häufigster Sommergast, überwintert in Zentral- und Südafrika. Einige Vögel legen dabei eine Strecke von über 12 000 km zurück. Sie fressen Insekten, Spinnen und Beeren. Die Männchen kehren im Frühjahr zurück und besetzen ihr Territorium in nördlichen Birkenwäldern, Buschwerk, Waldrändern und Sträuchern im offenen Gelände. Die 4–8 Jungen schlüpfen nach zwölf Tagen und sind nach zwölf Tagen flügge.

Sommerkleid

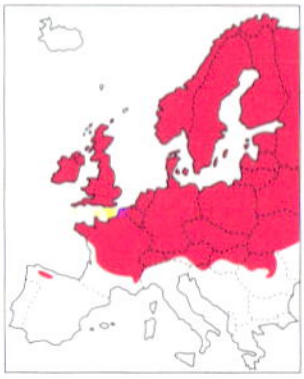

Frühjahrskleid

Jungvogel

9 cm

J	F	M	A	M	J
J	A	S	O	N	D

Wintergoldhähnchen

Regulus regulus

Größe:
Kleiner als Zaunkönig

Merkmale:
Männchen grünlich mit hellerer Unterseite, pummelig mit kurzem Schwanz, zwei kleine Flügelbinden, gelboranger Scheitelstreif, helles Gesicht und große, dunkle Augen. Jungvogel ohne Scheitelstreif. Im Flug klein, schnell mit abgerundeten Schwingen, kurzer Schwanz, huscht von Ast zu Ast, rüttelt kurz

Schnabel:
Dunkel, klein, spitz

Stimme:
Ruft mit einem schwachen »Ziep«, Gesang ist ein dünnes auf- und absteigendes Trillern

Ähnliche Arten:
Sommergoldhähnchen, Fitis

Das Wintergoldhähnchen ist der kleinste Vogel Europas. Rastlos huscht es zwischen den Ästen hin und her. Es brütet in Nadelwäldern, immergrünen Bäumen in Parks und gelegentlich in Laubwäldern. Nach dem Nisten schließen sich die Goldhähnchen Gruppen kleiner Vögel an und besuchen andere Standorte. Die nördlichen Populationen ziehen nach Mittel- und Südeuropa. Das Nest hängt an dünnen Zweigen vom Baum herab.

Altvogel

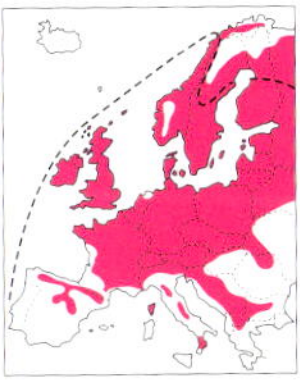

Jungvogel

9 cm

J	F	M	A	M	J
J	A	S	O	N	D

Sommergoldhähnchen

Regulus ignicapillus

Größe:
Geringfügig größer als Wintergoldhähnchen

Merkmale:
Heller, auffälliger gezeichnet als Wintergoldhähnchen, orangefarbene Kopfplatte, weißer Überaugenstreif, oberseits grünlich, unterseits heller, leicht orange Schultern. Im Flug aktiv, ruhelos

Schnabel:
Kurz, spitz, schwarz

Stimme:
Nicht so hoch wie beim Wintergoldhähnchen, weniger variantenreicher Gesang, ruft »zitt«

Ähnliche Arten:
Wintergoldhähnchen

Das Sommergoldhähnchen ist weiter südlich beheimatet als das Wintergoldhähnchen, jedoch kommen beide an vielen Standorten gemeinsam vor. Es nistet in Nadelbäumen und Mischwäldern, in Südeuropa auch in Laubwäldern. Die Nahrung besteht aus kleinsten Insekten. Das Nest ist tassenförmig und hängt von einem kleinen Ast herab. 7–12 Junge schlüpfen nach 15 Tagen.

Altvogel

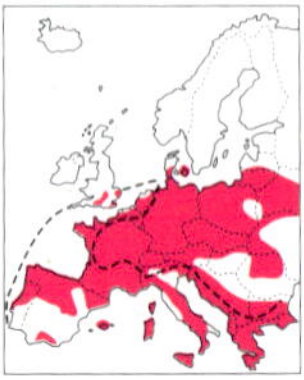

Jungvogel

14.5 cm

J	F	M	A	M	J
J	A	S	O	N	D

Grauschnäpper

Muscicapa striata

Größe:
Etwas kleiner als Haussperling

Merkmale:
Altvogel mit aufrechter Stellung, graubraunem Rücken, hellgestreifter Unterseite, gestreifter Stirn und Kopfplatte. Jungvogel gelbbrauner als Altvogel, Kopf und Brust gepunktet. Nach dem Flug Sturzflug, huscht von Warte zu Warte

Schnabel:
Dunkel, breiter Schnabelansatz

Stimme:
Leiser trällernder Gesang, ruft leicht quietschend »tsiit« oder härter »tsiit-tschüpp-tschüpp«

Ähnliche Arten:
Heckenbraunelle, Baumpieper

Dieser Meister des Fliegens erhebt sich blitzschnell von seiner Warte, um ein Insekt aus der Luft zu schnappen und landet dann mit einem eleganten Flügelschlag. Im Sommer lebt er in der Nähe von Waldlichtungen und in Gärten mit alten Bäumen. Sein Winterquartier ist Südafrika. Das Nest wird in einer Höhle oder an einem Baumstamm oder einer Wand angelegt. Die 4–6 Jungen schlüpfen nach 13 Tagen.

13 cm

J	F	M	A	M	J
J	A	S	O	N	D

Trauerschnäpper

Ficedula hypoleuca

Größe:
Kleiner als Grauschnäpper

Merkmale:
Runder Kopf, flattert mit den Flügeln, wippt mit dem Schwanz. Männchen im Frühjahr oberseits schwarz, unterseits weiß, weißer Flügelfleck, weißer Punkt über dem Schnabel. Im Herbst dem Weibchen ähnlich. Weibchen braun und weiß, weißer Flügelfleck. Im Flug weiße Flügelleiste

Schnabel:
Kurz, schwarz

Stimme:
Lieblich klingendes Trällern, ruft scharfes »Tack« oder »Hüit«

Ähnliche Arten:
Bachstelze, Grauschnäpper

Dieser kleine, plumpe Fliegenschnäpper zieht im Sommer zu vorwiegend alten Laubwäldern mit offenen Bereichen und verfügbaren Nisthöhlen oder Nistkästen. Er ernährt sich von Insekten, von denen er die meisten in der Luft fängt. Im Herbst zieht der Trauerschnäpper nach Portugal und Spanien und von dort nach Westafrika. Die 6–7 Jungen schlüpfen nach 13 Tagen und sind nach 14 Tagen flügge.

Männchen im Frühjahrskleid

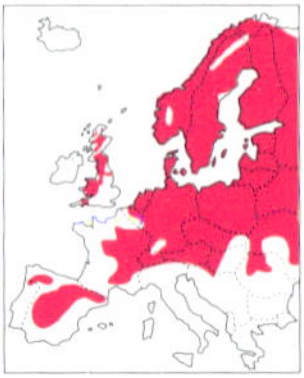

16.5 cm

J	F	M	A	M	J
J	A	S	O	N	D

Bartmeise

Panurus biarmicus

Größe:
Wie Tannenmeise, jedoch mit längerem Schwanz

Merkmale:
Ähnlich gefärbt wie abgestorbener Schilf, langschwänzig. Männchen mit blaugrauem Kopf, schwarzem Bartstreif, auffallendem Flügelmuster. Weibchen ohne Kopfmusterung, aber mit ähnlichem Flügelmuster wie Männchen. Im Flug ziemlich schwarz, schwirrende Flügel, langer, breiter Schwanz, sehr auffällig

Schnabel:
Klein, orange

Stimme:
Ruft laut »tsching-tsching«

Ähnliche Arten:
Unverwechselbar

Dieser scheue Vogel lebt in dichten Schilfgürteln, wo er sich von Insekten, insbesondere Mottenlarven, aber auch von Spinnen und Samen ernährt. Bartmeisen sind vorwiegend standorttreu, Jungvögel ziehen im Winter weiter. Wenn ihr Bestand stark angestiegen ist, suchen sie neue Standorte auf. Harte Winter können jedoch die Populationen stark reduzieren. Das Nest wird im Schilf angelegt. Die 4–8 Jungen schlüpfen nach elf Tagen.

Männchen

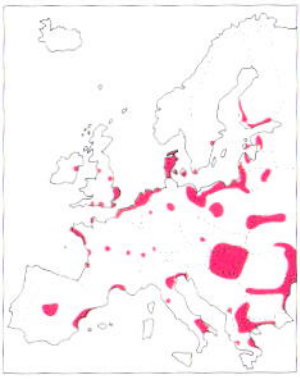

14 cm

J	F	M	A	M	J
J	A	S	O	N	D

Schwanzmeise

Aegithalos caudatus

Größe:
Körper wie Wintergoldhähnchen, Schwanz länger als Körper

Merkmale:
Altvogel schwarzweiß, unterschiedlich stark rötlichbraun gefärbt, nördliche Vögel mit weißem Kopf. Jungvogel mit kürzerem Schwanz, brauner, variables Kopfmuster. Im Flug schwach aussehend, wellenförmig, sehr langer, sichtbarer Schwanz

Schnabel:
Kurz, gedrungen

Stimme:
Hohes »Tsieh-tsieh-tsieh«, tiefes trällerndes »Triup«

Ähnliche Arten:
Bachstelze

Die Schwanzmeise hat einen winzigen Körper mit sehr langem Schwanz. Sie ist in kleinen Wäldchen und an Waldrändern heimisch und besucht Parks und Gärten. Außerhalb der Brutsaison ziehen Familientrupps sehr weit und bilden mit anderen Familien Schwärme von mehr als 20 Vögeln. Das schöne, kuppelförmige Nest besteht aus Moos, Flechten und Spinnengeweben. Die 8–12 Jungvögel schlüpfen nach 15 Tagen.

Altvogel

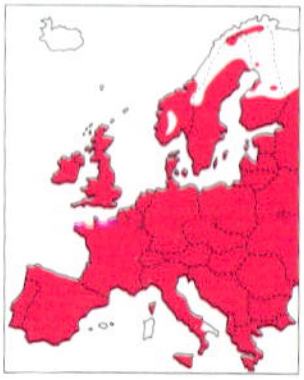

Jungvogel

Altvogel, Nordeuropa

11.5 cm

J	F	M	A	M	J
J	A	S	O	N	D

Haubenmeise

Parus cristatus

Größe:
Ähnlich der Blaumeise

Merkmale:
Ziemlich plump, großer Kopf, Gesicht und Haube weiß, brauner Rücken, helle Unterseite. Im Flug ziemlich kräftig und lebhaft

Schnabel:
Schwarz

Stimme:
Ruf ist ein gurrendes Trillern »Tsieh-tsieh-tsieh«

Ähnliche Arten:
Tannenmeise, Blaumeise

Dieser Waldvogel lebt vorwiegend in Kiefernwäldern und gelegentlich in Laubwäldern Südeuropas. Die Haubenmeise ernährt sich hoch in den Bäumen von Spinnen und Insekten, steigt aber zur Nahrungsaufnahme gelegentlich weiter herab, so daß sie für den Beobachter zu sehen ist. Sie ist während des ganzen Jahres seßhaft, obschon die Jungvögel gelegentlich weiter umherstreifen. Das Nest wird in Baumlöchern angelegt.

Altvogel

Jungvogel

11.5 cm

J	F	M	A	M	J
J	A	S	O	N	D

Weidenmeise

Parus montanus

Größe:
Ähnlich der Blaumeise

Merkmale:
Großer Kopf, helles Flügelfeld, mattschwarze Kopfplatte, quadratisches Schwanzende, schwarzes Lätzchen länger als bei Sumpfmeise, sieht oft flauschiger aus. In Skandinavien grauweißer Körper, im Süden brauner Rücken, gelblichweiße Unterseite. Im Flug huschend, sieht schwerer aus als die Sumpfmeise

Schnabel:
Klein, schwarz

Stimme:
Pfeifendes »Piühpiüh«, summendes »Ze-ze-ze«

Ähnliche Arten:
Sumpfmeise, Tannenmeise, Mönchsgrasmücke

Sie ist in fast ganz Europa seßhaft, zieht jedoch hoch im Norden. Sie lebt in Kiefernwäldern und Laubwäldern, insbesondere Feuchtwaldgebieten mit Weiden und Erlen. Als Nahrung dienen ihr Insekten und Samen. Das Nest ist ein Hohlraum, der in einen verrotteten Baumstumpf gegraben wird. Die Größe des Geleges hängt von der Größe des Hohlraums ab. Die 4–11 Jungen schlüpfen nach 13 Tagen und sind nach 17 Tagen flügge.

Altvogel

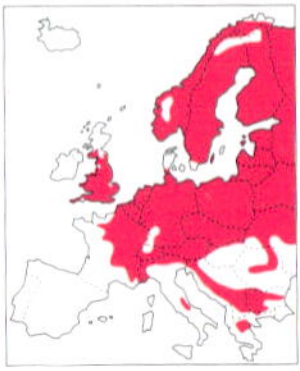

Jungvogel

11.5 cm

J	F	M	A	M	J
J	A	S	O	N	D

Sumpfmeise

Parus palustris

Größe:
Ähnlich der Blaumeise

Merkmale:
Glänzende, schwarze Kopfplatte, weiße Wangen, kleines, schwarzes Lätzchen, schlichter, brauner Rücken und Flügel, helle Unterseite, leicht gegabelter Schwanz. Sieht im Flug kräftiger aus als Blaumeise

Schnabel:
Kurz, schwarz

Stimme:
Explosiver »Pitschü«-Ruf, ebenfalls schnarrendes »Tjipp-tjipp-tjipp«

Ähnliche Arten:
Weidenmeise, Tannenmeise, Mönchsgrasmücke

Sumpfmeisen sind Standvögel in europäischen Laubwäldern. Sie ernähren sich von Insekten, Spinnen, Früchten und Samen. Im Herbst schließen sie sich zu Kleinvogelschwärmen zusammen. Gelegentlich sieht man sie an Vogelhäuschen. Dort sammeln sie Samen, verstecken ihn und holen ihn später wieder. Das Nest ist ein Loch in einem Baum, einer Wand oder zwischen Wurzeln. Die 7–10 Jungen schlüpfen nach 13 Tagen.

Altvogel

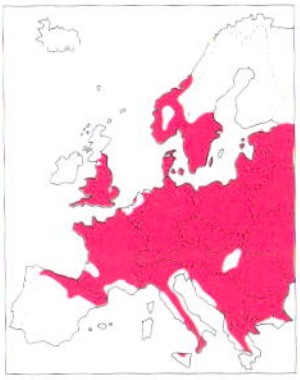

Jungvogel

11.5 cm

J	F	M	A	M	J
J	A	S	O	N	D

Tannenmeise

Parus ater

Größe:
Ähnlich der Blaumeise

Merkmale:
Altvogel blaugrau, schwarzer Kopf mit weißen Wangen, weißer Hinterkopfstreif, kleine, doppelte Flügelleiste, kurzer Schwanz. Jungvogel mit gelblicher Unterseite und Wangen. Im Flug schnell, rüttelt zuweilen, Schwanz und Flügelleiste kurz

Schnabel:
Ziemlich lang, spitz

Stimme:
Schnelles, schrilles »Wii-ze, wii-ze, wii-ze«

Ähnliche Arten:
Sumpfmeise, Weidenmeise, Kohlmeise

Gewöhnlich lebt die Tannenmeise in Nadelwäldern. Sie ist nur in Süd- und Westeuropa seßhaft, ansonsten zieht diese Meisenart. Durch Nahrungsknappheit werden oft Langstreckenzüge ausgelöst. Im Herbst und Winter besucht sie mit anderen Kleinvögeln verschiedene Standorte, auch Gärten. Sie ernährt sich von Insekten, Spinnen und Samen. Die 8–9 Jungvögel schlüpfen nach 14 Tagen und sind nach 19 Tagen flügge.

Altvogel

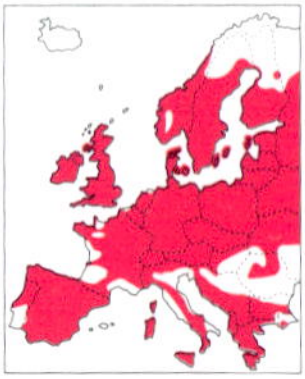

Jungvogel

APRIL 05 BABELSBERG GOETHESTR. 39

11.5 cm

J	F	M	A	M	J
J	A	S	O	N	D

Blaumeise

Parus caeruleus

Größe:
Kleiner als Haussperling

Merkmale:
Altvogel mit blaugrünem Rücken. Unterseits gelb, weiße Wangen und blaue Kopfplatte. Jungvogel ähnlich, aber weniger farbenfreudig, mit gelben Wangen. Im Flug klein, mit abgerundeten Schwingen

Schnabel:
Klein und dunkel

Stimme:
Ruft schrill »tsieh-tsieh-tsieh«

Ähnliche Arten:
Kohlmeise, Haubenmeise

Dieser seßhafte Waldvogel lebt im Sommer an flachgelegenen Standorten mit altem Laubbaumbestand. Im Winter sucht die Blaumeise auch andere Standorte auf wie z. B. Gärten und Schilfgürtel. Sie frißt Insekten, Früchte und Samen. Die Brutzeit ist April oder Mai. Das Nest aus Moos und Gräsern wird in einem Baumloch oder Nistkasten angelegt. Die 6–16 Jungen schlüpfen nach 16–22 Tagen. Gewöhnlich brütet sie nur einmal.

Altvogel

Jungvogel

14 cm

J	F	M	A	M	J
J	A	S	O	N	D

Kohlmeise

Parus major

Größe:
Sperlinggroß

Merkmale:
Schwarzer Kopf, weiße Wangen, gelbe Unterseite. Beim Männchen schwarzer Streifen auf dem Bauch breiter als beim Weibchen. Jungvogel heller als Altvogel. Im Flug weiße Außenschwanzfedern, weiße Flügelleiste

Schnabel:
Kräftig, dunkelgrau

Stimme:
Lautes, sich wiederholendes »Zi-däh«

Ähnliche Arten:
Blaumeise, Tannenmeise

Sie bewohnt flach gelegene Laubwälder, brütet aber an offeneren Standorten mit einzelnen Bäumen. Außerhalb der Brutzeit besucht sie aber auch andere Standorte wie z. B. Gärten. Sie ernährt sich von Insekten, Samen und Nüssen. Das Nest wird in Baumlöchern oder Nistkästen angelegt. Die Eiablage erfolgt im April oder Mai. Die 3–18 Jungen schlüpfen nach 14 Tagen und verlassen das Nest nach etwa 18 Tagen. Meist brütet sie nur einmal.

Männchen

Jungvogel

14 cm

J	F	M	A	M	J
J	A	S	O	N	D

Kleiber

Sitta europaea

Größe:
Ähnlich der Kohlmeise

Merkmale:
Großer Kopf, langer Schwanz, blaugrauer Rücken, gelbbraune Unterseite, dicker, schwarzer Augenstreif. Im Flug spitzer Kopf, kurzer quadratischer Schwanz, breite abgerundete Schwingen

Schnabel:
Lang, robust, spitz

Stimme:
Ruft kurz und laut »twit, twit«, Gesang ist ein schnelles, ratterndes »Piü, piü, piü...«

Ähnliche Arten:
Kleinspecht, Kohlmeise

Er ist ein Standvogel in europäischen Laubwäldern und gelegentlich in Kiefernwäldern. Am Baumstamm klettert er oft auch mit dem Kopf nach unten. Er ernährt sich von Insekten, Samen und Nüssen, die er in einer Felsspalte verkeilt und aufhämmert. Er nistet in Baumhöhlen, deren Öffnung er mit Lehm auf seine Größe verkleinert, so daß keine anderen Vögel hineingelangen können. 6–8 Junge schlüpfen nach 14 Tagen.

Altvogel

Männchen, Nordeuropa

Weibchen, Westeuropa

12.5 cm

J	F	M	A	M	J
J	A	S	O	N	D

Waldbaumläufer

Certhia familiaris

Größe:
Kleiner als Kleiber

Merkmale:
Braungestreifter Rücken, unterseits weiß, ausgefranster Überaugenstreif, spitze, steife Schwanzfedern. Im Flug flatternd, schmetterlingsartig, stürzt sich von einem Stamm hinunter zum nächsten. Breite orange Flügelleiste

Schnabel:
Lang, abwärts gebogen

Stimme:
Ruft hohes »Tsieh-stieh«, Gesang ist eine Reihe von Tönen, die mit einem Schnörkel enden

Ähnliche Arten:
Unverwechselbar

Dieser kleine Waldvogel kriecht wie eine Maus spiralig an Baumstämmen hoch und sucht nach Insekten und Spinnen. Hierbei benützt er die steifen Steuerfedern als Stütze. Er übernachtet in Spalten von Baumstämmen. Vorwiegend ist er ein Standvogel, nördliche Populationen ziehen jedoch gelegentlich. Das Nest wird in Baumspalten angelegt, oft hinter lockerer Borke. Die 5–6 Jungvögel schlüpfen nach 14 Tagen und sind nach 15 Tagen flügge. Der Waldbaumläufer brütet ein- oder zweimal.

Altvogel

Altvogel

20.06.05 auf der Radstrecke Nibow – Bagersberg na zw. Radsberg und Lünow (im Flug)

24 cm

J	F	M	A	M	J
J	A	S	O	N	D

Pirol

Oriolus oriolus

Größe:
Ähnlich der Amsel

Merkmale:
Männchen gelb mit schwarzen Schwingen. Weibchen und Jungvogel gelblichgrün, dunkle Schwingen, hellgestreifte Unterseite. Im Flug drosselartig

Schnabel:
Lang, schwer, dunkelrosa

Stimme:
Klar und flötend »dü-de-lio«

Ähnliche Arten:
Grünspecht

Der Pirol, einer der schönsten Sommergäste Europas, überwintert im tropischen Zentral- und Südafrika. Im Frühling kehrt er zurück, um in flachgelegenen Wäldern und anderen Laubwaldgegenden zu brüten. Als Nahrung dienen ihm Insekten und Beeren. Das zart geflochtene Nest wird in einer Astgabel im Baumwipfel angelegt. Die Jungvögel schlüpfen nach 16 Tagen und sind nach 16 Tagen flügge.

Männchen

Männchen Weibchen Jungvogel

17 cm

J	F	M	A	M	J
J	A	S	O	N	D

Neuntöter

Lanius collurio

Größe:
Kleiner als Star

Merkmale:
Langer, weiß geränderter Schwanz, stets in Bewegung. Männchen rötlicher Rücken, Brust mit rosa Schimmer, bläulicher Kopf, schwarze Maske. Weibchen matter, schuppenartige Brust. Jungvogel wie Weibchen, schuppenartige Oberseite. Im Flug direkt, Sturzflüge, auf der Jagd sprunghaft

Schnabel:
Gebogene Spitze

Stimme:
Hartes »Schack-schack-schack«

Ähnliche Arten:
Unverwechselbar

Dieser Sommergast aus Südafrika ernährt sich von großen Insekten wie Heuschrecken und kleinen Vögeln, Säugern und Reptilien. Häufig wird die Beute auf einem Dorn oder Stacheldraht aufgespießt. Er brütet im offenen Gelände mit niedrigen Dornenbüschen, oft in Waldnähe und legt sein Nest in dichten Sträuchern an. Die 3–7 Jungen schlüpfen nach 14 Tagen und sind nach 14 Tagen flügge.

Männchen im Sommerkleid

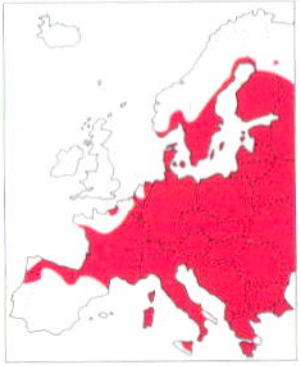

24–25 cm

J	F	M	A	M	J
J	A	S	O	N	D

Raubwürger

Lanius excubitor

Größe:
Amselähnlich

Merkmale:
Grau mit schwarzer Maske, graue Stirn, weißer Überaugenstreif, schwarze Schwingen mit weißem Band, langer weiß geränderter Schwanz. Im Flug schnell, kraftvoll, sprunghaft

Schnabel:
Schwarz, stark, gebogene Spitze

Stimme:
Lautes Schwatzen

Ähnliche Arten:
Unverwechselbar

Er kommt im offenen Gelände vor und hockt oft auf Sträuchern, kleinen Bäumen oder Leitungsdrähten. Die nördlichen Populationen überwintern in anderen europäischen Gebieten. Er ernährt sich von Insekten, kleinen Säugetieren, Vögeln und Reptilien. Die Beute wird auf Dornen aufgespießt. Die 4–7 Jungen schlüpfen nach 15 Tagen und sind nach 15 Tagen flügge, können aber das Nest früher verlassen.

Altvogel

26. April 05 Babelsberg Goethestr.
09. Juni 15

 Drewitz* (ehemalige Berlin-Potsdamer Grenze) im Flug.

34–35 cm

J	F	M	A	M	J
J	A	S	O	N	D

Eichelhäher

Garrulus glandarius

Größe:
Größer als Stadttaube

Merkmale:
Rosabrauner Körper, schwarzweiße Schwingen mit blauem Fleck, schwarzer Schwanz, weißer Bürzel, Haube klein, grauweiß, gelegentlich aufgerichtet. Im Flug rudernde Bewegung mit breiten, abgerundeten Schwingen, blauer Flügelfleck, weißer Bürzel

Schnabel:
Schwer, dunkel

Stimme:
Viele verschiedene Rufe, auch rauhes Kreischen

Ähnliche Arten:
Unverwechselbar

Der lärmende, aber scheue Eichelhäher lebt in Laubwäldern, aber auch in Nadelwäldern, Parks und großen Gärten. Er frißt Wirbellose, Samen, Eier und junge Vögel. Im Norden zieht er, ist ansonsten aber ein Standvogel. Gelegentlich löst Nahrungsknappheit eine Langstreckenbewegung bei den Vögeln aus. Die 5–7 Jungen schlüpfen nach 16 Tagen und sind nach 21 Tagen flügge. Sie werden noch acht Wochen von den Eltern gefüttert.

Altvogel

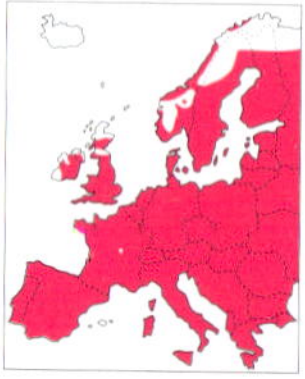

Altvogel

* Jagdrevier des ersten Staatsratsvorsitzenden der DDR Erich Honecker

44–46 cm

J	F	M	A	M	J
J	A	S	O	N	D

Elster

Pica pica

Größe:
Größer als Ringeltaube

Merkmale:
Altvogel mit schwarzweißem, abgestuftem Schwanz. Jungvogel mit kürzerem Schwanz, weiße Federn sehen schmutzig aus. Im Flug breite, abgerundete Schwingen

Schnabel:
Kräftig, schwarz

Stimme:
Hartes, schwatzendes »Tschack-tschack-tschack«

Ähnliche Arten:
Unverwechselbar

Die Elster bewohnt offenes Gelände mit Bäumen, bewirtschaftetes Gebiet mit Hecken, Waldränder und – aufgrund der Anpassungsfähigkeit – immer mehr Parks und Gärten. Sie frißt Insekten, Samen, Beeren, Aas, kleine Vögel und Eier. Das kuppelförmige Nest wird in einem Baum oder großen Strauch angelegt. Die 5–7 Jungvögel schlüpfen nach 21 Tagen, sind nach 24 Tagen flügge und bleiben noch einen Monat oder länger bei den Eltern.

Altvogel

Altvogel

39–40 cm

J	F	M	A	M	J
J	A	S	O	N	D

Alpenkrähe

Pyrrhocorax pyrrhocorax

Größe:
Größer als Dohle

Merkmale:
Glänzend schwarz, rote Beine. Im Flug schwebend, akrobatisch, tief gefingert, breite Schwingen, Schwanzende quadratisch

Schnabel:
Rot, kräftig

Stimme:
Rollendes »Schrrr«

Ähnliche Arten:
Dohle, Saatkrähe

Dieser überwiegend seßhafte Rabenvogel lebt in Südeuropa in Gebirgen und an felsigen Meeresküsten. Er ernährt sich von Wirbellosen, Getreidekörnern und Beeren. Die Alpenkrähe ist sehr akrobatisch, fliegt oft im Sturzflug und taucht auch. Das Nest wird in Felsspalten, manchmal in Gebäuden angelegt. Die 3–5 Jungvögel schlüpfen nach 17 Tagen und sind nach 31–41 Tagen flügge. Sie bleiben noch 4–5 Wochen bei den Eltern.

Altvogel

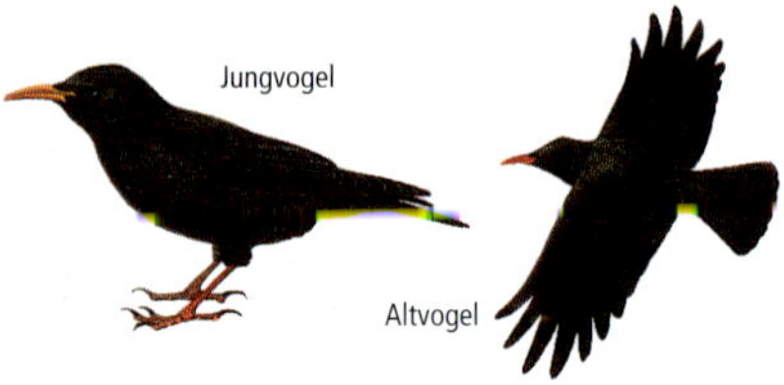

02.03.2020 Rostock
Park der
Uni Zoologie
Doberaner Str.
Gegenüber Parkpl.

33–34 cm

J	F	M	A	M	J
J	A	S	O	N	D

Dohle

Corvus monedula

Größe:
Kleiner als Saatkrähe

Merkmale:
Schwarz, grauer Hinterkopf, helläugig. Im Flug akrobatisch, Schwingen weniger gefingert als bei anderen Krähen

Schnabel:
Kurz, kräftig, schwarz

Stimme:
Metallisches »Tjack«, schallendes »Ki-uh«

Ähnliche Arten:
Alpenkrähe, Saatkrähe

Diese kleine Krähe bildet Kolonien. Sie lebt auf bewirtschaftetem Gebiet mit Viehbestand, auf Klippen, in Wäldern und Dörfern. Sie gesellt sich oft zu Saatkrähen und Staren. Außer in Nordeuropa ist sie Standvogel. Sie ernährt sich von Wirbellosen, Früchten, Getreidekörnern und Eiern. Das Nest wird in Baumlöchern oder auf Klippen angelegt. Die 4–6 Jungen schlüpfen nach 17 Tagen und sind nach 32 Tagen flügge. Nach fünf Wochen sind sie unabhängig.

Altvogel

Altvogel

44–46 cm

J	F	M	A	M	J
J	A	S	O	N	D

Saatkrähe

Corvus frugilegus

Größe:
Ähnlich der Aaskrähe

Merkmale:
Altvogel mit glänzendem, schwarzem Gefieder, grauem Gesicht, fliehender Stirn, lockeren Federn oben an den Beinen (»Hosen«). Jungvogel ähnlich, aber mit dunklem Gesicht. Im Flug gefingerte Flügelspitzen, abgerundeter Schwanz, Flügel schmaler als bei Aaskrähe

Schnabel:
Lang, spitz, helle Wurzel

Stimme:
Hartes »Krah«

Ähnliche Arten:
Aaskrähe, Kolkrabe, Dohle

Die Saatkrähen bevorzugen offenes, bewirtschaftetes Gelände und nisten oft zu Hunderten im Geäst hoher Bäume. Im Herbst ziehen die nördlichen Populationen nach Süden und Westen. Im Winter bilden sie oft riesige Schwärme. Sie ernähren sich von Wirbellosen, Getreidekörnern und Aas. Die 2–6 Jungvögel schlüpfen nach 16 Tagen und sind nach 16 Tagen flügge, bleiben aber noch weitere sechs Wochen bei den Eltern.

Altvogel

02.02. Rostock

45–47 cm

J	F	M	A	M	J
J	A	S	O	N	D

Aaskrähe

Corvus corone

Größe:
Ähnlich der Saatkrähe

Merkmale:
Rabenkrähe sieht schwer aus, schwarz. Nebelkrähe grauer oder rosabrauner Körper, schwarzer Kopf, Schwanz und Flügel schwarz. Im Flug kräftig und langsam, gefingerte Flügelenden

Stimme:
Tiefes, krächzendes »Krah«

Ähnliche Arten:
Kolkrabe, Saatkrähe

Vollständig schwarze Aaskrähen (die sog. »Rabenkrähen«) leben in Asien und Teilen von Westeuropa. Die dazwischen lebenden Unterarten sind grauschwarz und werden als »Nebelkrähen« bezeichnet. Diese kreuzen sich untereinander. Sie ernähren sich von Kleintieren, Aas, Wirbellosen und Getreidekörnern. Das Nest aus Ästen wird in Bäumen angelegt. 3–6 Junge schlüpfen nach 18 Tagen, sie sind nach 32 Tagen flügge.

Rabenkrähe

Nebelkrähe

Noch nicht geschlechtsreife Rabenkrähe (rechts)

Nebelkrähe (unten)

64 cm

J	F	M	A	M	J
J	A	S	O	N	D

Kolkrabe

Corvus corax

Größe:
Ähnlich dem Mäusebussard

Merkmale:
Vollständig schwarz, mit struppigen Kehlfedern, flacher Kopf. Im Flug kreuzförmig, lange, breite Schwingen, gefingert, keilförmiger Schwanz

Schnabel:
Tiefschwarz, kräftig

Stimme:
Tiefes, schnatterndes »Krroap, krroap«, Balzruf hohles »Klong«

Ähnliche Arten:
Aaskrähe

Er bewohnt viele Standorte: Meeresklippen, Bergspitzen, Hochlandmoore und Waldränder. Seine Nahrung sind Tiere und Aas. Überwiegend ist er ein Standvogel, nördliche Populationen überwintern aber im Süden. Die Brutsaison beginnt im frühen Februar. Das Nest wird in einem Baum oder auf einem Felsvorsprung angelegt. Die 4–6 Jungen schlüpfen nach 20 Tagen und sind nach 45 Tagen flügge.

Altvogel

Altvogel

37–42 cm

J	F	M	A	M	J
J	A	S	O	N	D

Star

Sturnus vulgaris

Größe:
Kleiner als Amsel

Merkmale:
Ölig grünlich-schwarz, kurzer Schwanz. Winterkleid mit hellen Federspitzen, verursachen ein Punktmuster auf Rücken und Brust. Sommerkleid sieht schwarz aus, weniger gepunktet. Jungvogel braun, hellere Unterseite, fast weißes Kinn. Im Flug schnell, direkt mit spitzen, dreieckigen Flügeln

Schnabel:
Lang, braun, beim Brüten gelb

Stimme:
Knirschende Pfiffe und Triller

Ähnliche Arten:
Amsel

Stare stochern mit ihrem langen, starken Schnabel im Boden nach Insekten, sie fressen jedoch auch Beeren und andere Früchte. Sie sind Sommergäste in Nordeuropa, im Herbst fliegen sie in den Süden und Westen. Sie sind sehr gesellig und verbringen den Winter in großen Gruppen. 4–5 Junge schlüpfen nach zwölf Tagen und sind nach 21 Tagen flügge. Stare brüten zweimal.

Sommerkleid

Männchen im Winterkleid

Noch nicht geschlechtsreifer Vogel

Jungvogel

14–15 cm

J	F	M	A	M	J
J	A	S	O	N	D

Haussperling

Passer domesticus

Größe:
Etwas größer als Feldsperling

Merkmale:
Männchen oberseits braun gestreift, unterseits hell, graue Kopfplatte, schwarze Kehle, helle Wangen, grauer Bürzel. Weibchen und Jungvogel matter, ohne besondere Kopfzeichnung, strohfarbener Hinteraugenstreif. Im Flug sprunghaft, schwirrende Flügel

Schnabel:
Kurz, gedrungen

Stimme:
Lautes »Tjirp«

Ähnliche Arten:
Feldsperling

Ursprünglich aus Asien kommend, ist der Haussperling mittlerweile auf allen Kontinenten verbreitet, ausgenommen der Antarktis. Die Nahrung besteht aus Samen und Insekten. Er ist ein Standvogel, der im Herbst und Winter in großen Gruppen nahrungsreiche Stellen aufsucht. Er nistet in Höhlen, oft in Gebäuden unter Dachpfannen. 3–5 Junge schlüpfen nach zwölf Tagen und sind nach 14 Tagen flügge. Der Haussperling brütet ein- bis viermal.

Männchen im Frühjahrskleid

Weibchen

Männchen im Winterkleid

14 cm

J	F	M	A	M	J
J	A	S	O	N	D

Feldsperling

Passer montanus

Größe:
Etwas kleiner als Haussperling

Merkmale:
Braune Kopfplatte, schwarzer Punkt auf heller Wange, kleines, schwarzes Lätzchen, helles Halsband. Im Flug klein, schnell und lebhaft

Schnabel:
Klein, dunkel, kräftig

Stimme:
Hartes »Tack-tack«

Ähnliche Arten:
Haussperling, Rohrammer

Der Feldsperling ist in Europa und in Asien weit verbreitet und lebt in offenen Laubwäldern und bewirtschaftetem Gebiet. Er ist vorwiegend ein Standvogel, bricht aber zuweilen aus, um neue Gegenden zu bevölkern. Die Nahrung besteht aus Insekten und Pflanzenmaterial. Im Winter bildet er größere Gruppen und gesellt sich auch zu anderen Arten. Fünf Junge schlüpfen nach elf Tagen und sind nach 15 Tagen flügge.

Altvogel

Jungvogel

14.5 cm

J	F	M	A	M	J
J	A	S	O	N	D

Buchfink

Fringilla coelebs

Größe:
Sperlinggroß

Merkmale:
Männchen mit rosafarbener Brust und Gesicht, übriger Kopf blaugrau, zwei breite, weiße Flügelbinden. Weibchen graubraun schattiert, weiße Flügelbinden. Im Flug treten weiße Flügelbinden und Außenschwanzfedern deutlich hervor

Schnabel:
Blaugrau, kurz, dick

Stimme:
Klangvolles »Fink«, Gesang ist ein musikalisches Schmettern, am Ende mit Triller

Ähnliche Arten:
Bergfink, Gimpel

Buchfinken bewohnen Wälder und andere Gebiete mit Bäumen in Mittel- und Südeuropa. Die nördlichen Finken ziehen im Herbst nach Süden und Westen. Die Nahrung besteht aus Samen und Insekten. Das Nest aus Moos und Flechten wird zwischen Ästen oder am Baumstamm angelegt. Die vier oder fünf Jungvögel schlüpfen nach zwölf Tagen und sind nach 14 Tagen flügge. Sie bleiben noch drei Wochen von den Eltern abhängig.

Männchen

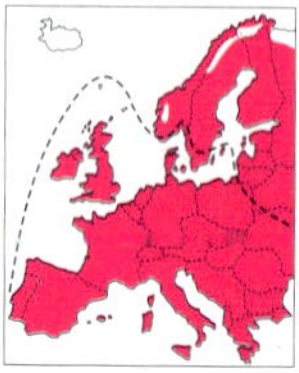

Weibchen

14 cm

J	F	M	A	M	J
J	A	S	O	N	D

Bergfink

Fringilla montifringilla

Größe:
Ähnlich dem Haussperling

Merkmale:
Männchen im Sommerkleid mit schwarzem Kopf, oranger Brust und Schultern, weißer Flügelleiste, im Winterkleid matter, mit gesprenkeltem Kopf. Weibchen weniger farbig, orange Schultern, grauer Nackenfleck. Im Flug weißer Bürzel, dunkler Schwanz, weiße Flügelleiste, Schwanzende gegabelt

Schnabel:
Gedrungen, im Winter hell, mit dunkler Spitze, im Sommer dunkel

Stimme:
Singt quäkend, keuchender Flugruf

Ähnliche Arten:
Buchfink

Im Sommer zieht der Bergfink in nördliche Birkenwälder und in andere Waldgebiete. Die Nahrung besteht hauptsächlich aus Insekten und Samen. Im Winter ist er Gast auf bewirtschafteten Gebieten und in Wäldern Mittel- und Südeuropas. Das tassenförmige Nest aus Moos und Flechten wird in einer Astgabel oder am Stamm angelegt. Die 5–7 Jungvögel schlüpfen nach elf Tagen und sind nach 13 Tagen flügge.

Männchen im Sommerkleid

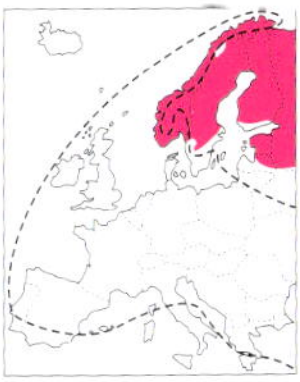

GESEHEN JULI 08

15 cm

J	F	M	A	M	J
J	A	S	O	N	D

Grünling

Carduelis chloris

Größe:
Ähnlich dem Haussperling

Merkmale:
Männchen grün, grünbraune Schwingen, Flügel und Schwanz oben gelb. Weibchen matter, gestreifter Rücken, Flügel und Schwanz oben gelb. Jungvogel ähnlich dem Weibchen, aber stark gestreift. Im Flug Flügel und Schwanz oberseits gelb, grüner Bürzel

Schnabel:
Stark, hell

Stimme:
Zwitschernder Flugruf, zwitschernder Gesang endet mit nasalem »Tsieeee«

Ähnliche Arten:
Erlenzeisig, Stieglitz, Fichtenkreuzschnabel

Er ist vorwiegend ein Standvogel, lediglich die nördlichen Populationen ziehen. Mit seinem Schnabel öffnet er verschieden große Samen. Er brütet kolonienweise in Wäldern, Parks und großen Gärten. Im Winter ist er weit verbreitet und bildet auf großen Flächen Schwärme. Das voluminöse Nest wird in einem dichten Strauch angelegt. Die 4–6 Jungvögel schlüpfen nach 13 Tagen und sind nach 14 Tagen flügge. Grünlinge brüten zweimal.

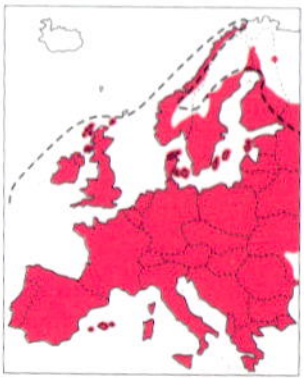

12 cm

J	F	M	A	M	J
J	A	S	O	N	D

Stieglitz

Carduelis carduelis

Größe:
Kleiner als Buchfink

Merkmale:
Altvogel gelbbraun mit weißem Bauch, Gesicht rot, weiß, schwarz, Schwingen schwarzgelb, Schwanz schwarz. Jungvogel im Gesicht nicht rot. Im Flug sprunghaft, breites, gelbes Flügelband

Schnabel:
Hell, schmaler als bei den meisten Finken

Stimme:
Klingender, zwitschernder Flugruf, Gesang typisches Finkengezwitscher

Ähnliche Arten:
Unverwechselbar

Dieser schöne, kleine Fink hat einen spitzeren Schnabel als der Grünling, mit dem er Samen aus Pflanzen pickt. Er bewohnt im Sommer europäische, bewaldete Flachlandgebiete. Im Herbst zieht er nach Süden in den Mittelmeerraum. Ein ordentliches, tiefes Nest wird an einem Zweigende angelegt. Die 4–6 Jungvögel schlüpfen nach elf Tagen und sind nach 13 Tagen flügge. Der Stieglitz brütet ein- bis dreimal.

Altvogel

Jungvogel

Altvogel

12 cm

J	F	M	A	M	J
J	A	S	O	N	D

Erlenzeisig

Carduelis spinus

Größe:
Kleiner als Grünling

Merkmale:
Gelblichgrün gestreift, kurzer, gegabelter Schwanz, in Flügeln und Schwanz gelb. Männchen im Frühjahr mit schwarzem Lätzchen, schwarzem Scheitel, im Winter Kopfmuster weniger ausgeprägt. Weibchen grauer und stärker gestreift. Im Flug leicht, sprunghaft, Schwanz und Bürzel gelb

Schnabel:
Kurz, spitz, dunkel, beim Männchen hell

Stimme:
Lieblicher Zwitschergesang, ruft klar »tsuu«

Ähnliche Arten:
Grünling

Diese kleinen Finken leben in Nadelwäldern. Im Herbst ziehen sie und suchen offene Landschaften und Gärten auf, wo sie sich von Birken- und Erlensamen ernähren. Beim Fressen hängen sie gelegentlich meisenartig mit dem Kopf nach unten. Ihre Anzahl variiert von Jahr zu Jahr erheblich. Das kleine, kompakte Nest wird auf einem Ast angelegt. 3–5 Jungvögel schlüpfen nach zwölf Tagen.

Männchen

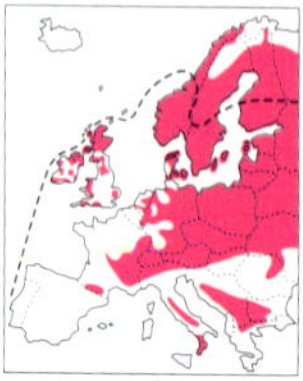

13.5 cm

J	F	M	A	M	J
J	A	S	O	N	D

Bluthänfling

Carduelis cannabina

Größe:
Kleiner als Haussperling

Merkmale:
Kurzschwänzig, oberseits braun, unterseits heller. Männchen im Frühjahr mit roter Stirn, grauem Kopf, roter Brust, schlichtem, braunem Rücken, im Winter ohne rote Zeichnung. Weibchen stärker gestreift. Im Flug sperlingsartig, Flügel und Schwanz aufblitzend

Schnabel:
Grau, klein

Stimme:
Zwitschernder, trällernder Gesang, zwitschernder Flugruf

Ähnliche Arten:
Birkenzeisig, Berghänfling

Sie bewohnen offene Landgebiete, bewirtschaftetes Gelände und Flachlandheiden. Die Nahrung besteht ausschließlich aus den Samen krautiger und anderer Pflanzen. Im Winter ziehen sie gelegentlich und bilden Schwärme. Oft schließen sie sich auch anderen Kleinvögeln an. Das Nest aus Ästen, Wurzeln und Moos wird gut getarnt angelegt. 4–6 Jungvögel schlüpfen nach elf Tagen.

Männchen

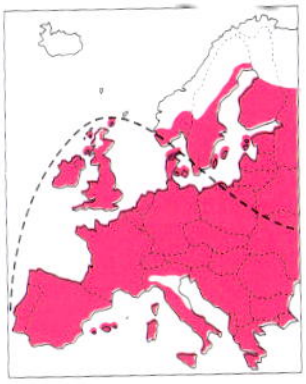

14 cm

J	F	M	A	M	J
J	A	S	O	N	D

Berghänfling

Carduelis flavirostris

Größe:
Ähnlich dem Bluthänfling

Merkmale:
Schwanz länger und stärker gegabelt als beim Bluthänfling. Stärker gestreifte, dunkle Oberseite, helle Flügelbinde. Männchen im Frühjahr rosa getönter Bürzel. Im Flug wie Bluthänfling, weniger weiß an Flügel und Schwanz, Schwanz länger

Schnabel:
Gelblich, im Frühjahr grau

Stimme:
Wie Bluthänfling, ruft hart »tjeütt«

Ähnliche Arten:
Bluthänfling, Birkenzeisig, Wiesenpieper, Strandpieper

Sie brüten in öden Gegenden wie Moorgebieten und Tundra. Im Winter ziehen sie nach Süden in bewirtschaftete Gegenden und Küstengebiete, insbesondere Salzsümpfe. Meist fressen sie kleine Samen. Das Nest wird zwischen niedrig wachsenden Pflanzen angelegt. 4–6 Junge schlüpfen nach zwölf Tagen und sind nach elf Tagen flügge. Sie bleiben jedoch noch etwa zwei Wochen bei den Eltern. Berghänflinge brüten ein- oder zweimal.

Männchen

Weibchen

11.5–14.5 cm

J	F	M	A	M	J
J	A	S	O	N	D

Birkenzeisig

Carduelis flammea

Größe:
Meist kleiner als Haussperling

Merkmale:
Kleines, schwarzes Lätzchen, rote Stirn, graubraun, stark gestreift, helle Unterseite, zwei schmale Flügelbinden. Männchen im Sommer rot schimmernde Brust. Bei Jungvogel Stirn nicht rot. Im Flug leicht und sprunghaft, kreisender Singflug, langsame Flügelschläge

Schnabel:
Gedrungen

Stimme:
Summendes Trillern

Ähnliche Arten:
Bluthänfling, Berghänfling, Erlenzeisig

Eine größere Unterart brütet in nördlichen Birken- und Nadelwäldern, eine kleinere, meisenähnliche Unterart auf den Britischen Inseln und in den Alpen. Im Herbst ziehen die nördlichen Populationen nach Mitteleuropa. Die Nahrung besteht aus Samen und Insekten. Das tassenförmige Nest wird in einem Strauch oder Baum angelegt. Die 4–6 Junge schlüpfen nach zehn Tagen und sind nach elf Tagen flügge. Birkenzeisige brüten zweimal.

Männchen

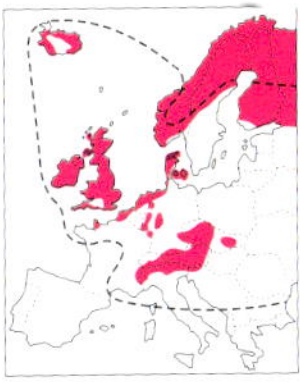

16.5 cm

J	F	M	A	M	J
J	A	S	O	N	D

Fichtenkreuzschnabel

Loxia curvirostra

Größe:
Größer als Grünling

Merkmale:
Großer Kopf, kurzer Gabelschwanz. Männchen variiert von orangerot bis grün, Flügel und Schwanz dunkel. Weibchen grüngrau mit gelbgrünem Bürzel. Jungvogel wie Weibchen, aber stärker gestreift. Im Flug kraftvoll, sprunghaft, großer Kopf und kurzer Gabelschwanz

Schnabel:
Groß, schwer aussehend, überkreuzte Spitzen

Stimme:
Grünlingähnlicher Zwitschergesang, ruft »glipp-glipp«

Ähnliche Arten:
Grünling, Schottischer Kreuzschnabel

Sie leben in Nadelwäldern. Bei Nahrungsknappheit ziehen sie weiter und besiedeln neue Waldgebiete. Die überkreuzten Schnabelspitzen dienen zum Picken von Samen aus Zapfen. Die Brut ist abhängig vom Ertrag an Zapfen. Die Eiablage kann sogar im Winter erfolgen. Die Jungvögel schlüpfen nach 14 Tagen, sind nach 20 Tagen flügge und bleiben weitere 3–6 Wochen bei den Eltern.

Männchen

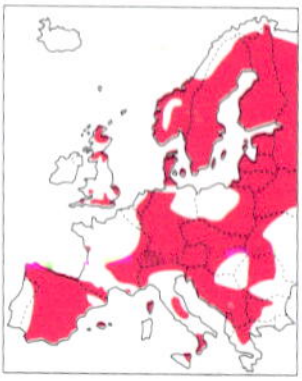

16.5 cm

J	F	M	A	M	J
J	A	S	O	N	D

Schottischer Kreuzschnabel

Loxia scotia

Größe:
Größer als Grünling

Merkmale:
Ähnelt in allen Merkmalen dem Fichtenkreuzschnabel, Kopf jedoch größer

Schnabel:
Wie beim Fichtenkreuzschnabel, jedoch größer

Stimme:
Wie Fichtenkreuzschnabel

Ähnliche Arten:
Fichtenkreuzschnabel

Der Schottische Kreuzschnabel ist der einzige nicht ziehende Kreuzschnabel und lebt ausschließlich in schottischen Kiefernwäldern. Er hat einen schwereren und kräftigeren Schnabel als der Fichtenkreuzschnabel. Inzwischen wird er als eigenständige Art angesehen. Das Nest ähnelt dem des Fichtenkreuzschnabels. 3–4 Junge schlüpfen nach 13 Tagen.

Männchen und Weibchen am Nest

14.5–16.5 cm

J	F	M	A	M	J
J	A	S	O	N	D

Gimpel

Pyrrhula pyrrhula

Größe:
Größer als Haussperling

Merkmale:
Altvogel mit weißem Bürzel, schwarzem Schwanz, schwarzem Flügel mit heller Binde, grauem Rücken, schwarze Kopfplatte. Männchen unterseits hellrosa. Weibchen unterseits rosagrau. Jungvogel brauner, ohne schwarze Kopfplatte. Im Flug weißer Bürzel

Schnabel:
Dick, kurz, schwarz

Stimme:
Ruhiger Trällergesang, weicher, traurig wirkender Ruf »pjüh«

Ähnliche Arten:
Buchfink

Dieser schöne Vogel ist bei Gärtnern nicht beliebt, da er sich mit Vorliebe von Knospen, Früchten, Samen und Schößlingen ernährt. Nördliche und östliche Populationen ziehen nach Südwesten. Der Gimpel nistet in Wäldern, im Dickicht und in Hecken. Im Winter besucht er städtische Gärten. Das Nest aus dünnen Ästen wird in Sträuchern und Bäumen angelegt. 3–6 Junge schlüpfen nach zwölf Tagen und sind nach 15 Tagen flügge. Der Gimpel brütet zwei- oder dreimal.

Männchen

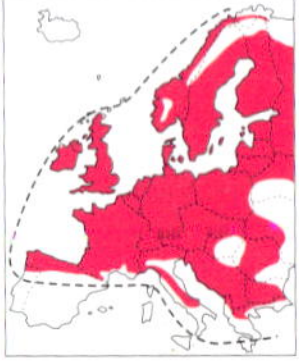

18 cm

J	F	M	A	M	J
J	A	S	O	N	D

Kernbeißer

Coccothraustes coccothraustes

Größe:
Größer als Grünling

Merkmale:
Dicker Hals, großer Kopf, kurzer, quadratischer Schwanz mit weißer Spitze. Altvogel rosabraun, Flügel schwarz mit weißer Binde. Jungvogel weniger farbenfroh. Im Flug stark wellenförmig, unverkennbares Profil mit großem Kopf und kleinem Schwanz

Schnabel:
Groß, konisch, grau oder gelb

Stimme:
Schwacher, melodischer Gesang, ruft »tick«

Ähnliche Arten:
Seidenschwanz

Dieser unverkennbare, zurückgezogen lebende Fink hat einen gewaltigen Schnabel, mit dem er große Samen, auch Kerne von Steinobst, öffnen kann. Zur Nahrung gehören auch Knospen, Schößlinge und Insekten. Er lebt in Misch- oder Laubwäldern. Gelegentlich brütet er in Obstgärten. Das voluminöse Nest aus Ästen wird im Baumwipfel angelegt. Die 4–5 Jungvögel schlüpfen nach elf Tagen und sind nach zwölf Tagen flügge. Die im Norden lebenden Populationen sind Zugvögel.

Altvogel

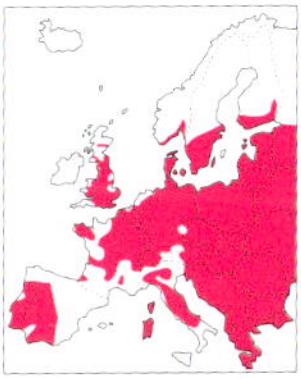

Jungvogel

Weibchen

16–17 cm

J	F	M	A	M	J
J	A	S	O	N	D

Schneeammer

Plectrophenax nivalis

Größe:
Größer als Haussperling

Merkmale:
Männchen im Sommer weiß, schwarzer Rücken, große, weiße Flügelflecken, im Winter viel brauner. Weibchen und Jungvogel weniger weiß, Weiß im Flügel variiert. Im Flug recht lang, spitze Flügel, weiße Schwanzseiten, weiße Flügelfelder

Schnabel:
Kurz, dick, im Sommer dunkel, im Winter gelblich

Stimme:
Ruft melodisch »tjü« oder zwitschert angenehm

Ähnliche Arten:
Rohrammer

Dieser am weitesten im Norden brütende Singvogel nistet unter öden, oft eisigen Bedingungen in der Hocharktis oder auf hohen Berggipfeln. Die Schneeammer frißt vorwiegend Samen. Sie zieht im Winter nach Süden an Strände, Küstensümpfe oder ins offene Gelände. Das Nest wird in einer Felsspalte oder im Geröllfeld angelegt. 4–6 Jungvögel der Schneeammer schlüpfen nach zwölf Tagen und sind nach zwölf Tagen flügge.

Männchen im Sommerkleid

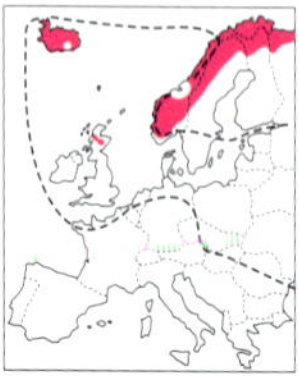

16.5 cm

J	F	M	A	M	J
J	A	S	O	N	D

Goldammer

Emberiza citrinella

Größe:
Größer als Haussperling

Merkmale:
Männchen: Kopf und Brust hellgelb, kastanienfarbener Bürzel. Weibchen variabler, weniger gelb, stärker gestreift. Jungvogel noch weniger gelb. Im Flug langer Schwanz, an der Spitze gegabelt, kräftig, direkt

Schnabel:
Kräftig, dick, bläulich

Stimme:
Ruft scharf »zitt«. Gesang ist ein klapperndes »Tschitty-tschitty-tschitty-tzüüüh«

Ähnliche Arten:
Schafstelze, Zaunammer

Sie leben in offener Landschaft mit Büschen und vereinzelten Bäumen. Im Winter bilden sie lockere Gruppen, und die nördlichen Populationen ziehen nach Süden. Sie ernähren sich von Samen und Wirbellosen. Das Nest wird am Boden oder etwas höher zwischen Pflanzen angelegt. Die 3–5 Jungvögel schlüpfen nach 13 Tagen, werden von beiden Eltern umsorgt und sind nach elf Tagen flügge. Die Goldammer brütet zweimal.

Männchen im Sommerkleid

Weibchen

15.5 cm

J	F	M	A	M	J
J	A	S	O	N	D

Zaunammer

Emberiza cirlus

Größe:
Kleiner als Goldammer

Merkmale:
Auf der Warte ziemlich geduckt, flacher Kopf. Männchen gelb-schwarzes Gesicht, unterseits gelb, grünes Brustband. Weibchen heller gelb als Goldammerweibchen, graubrauner Bürzel. Im Flug schwach, mit flachen Wellen

Schnabel:
Gedrungen, blaugrau schattiert

Stimme:
Gesang erinnert an den der Goldammer, ruft dünnes »Zitt«

Ähnliche Arten:
Goldammer

Diese scheue Ammer bewohnt kleine Felder und hohe Hecken in Süd- oder Westeuropa. Sie ist seßhaft, schwärmt aber im Winter in größeren Gruppen zu Stoppelfeldern. Ihre Nahrung besteht aus Samen und Insekten. Sie singt von der Spitze hoher Büsche. Das Nest wird niedrig und versteckt in einem Busch angelegt. 3–4 Junge schlüpfen nach zwölf Tagen und sind nach elf Tagen flügge.

Männchen im Frühjahrskleid

15–16.5 cm

J	F	M	A	M	J
J	A	S	O	N	D

Rohrammer

Emberiza schoeniclus

Größe:
Etwas größer als Haussperling

Merkmale:
Männchen im Sommer mit schwarzem Kopf, weißem Halsband, sperlingähnlicher Körper, weiße Außenschwanzfedern, im Winter Kopfmuster wie bei Weibchen. Bei Weibchen Kopf nicht schwarz, braune Wangen und heller Bartstreif. Im Flug direkt, schwach, weiße Außenschwanzfedern

Schnabel:
Gedrungen, schwarz

Stimme:
Ruft weich »Tsiü«, Gesang wiederholtes »Zink zink zink zonk«

Ähnliche Arten:
Goldammer

Das Männchen singt oft von einer Warte im Schilf oder Feuchtgraben. Die Rohrammern brüten aber auch unter trockeneren Bedingungen, zum Beispiel bewirtschaftetem Gelände. Ihre Nahrung besteht aus Samen und Insekten. Nördliche Populationen ziehen im Herbst nach Südwesten. Im Winter bilden sie Schwärme und schließen sich anderen Kleinvögeln an. Das Nest wird am Boden angelegt. 4–5 Junge schlüpfen nach 13 Tagen und sind nach zehn Tagen flügge.

Männchen im Sommerkleid

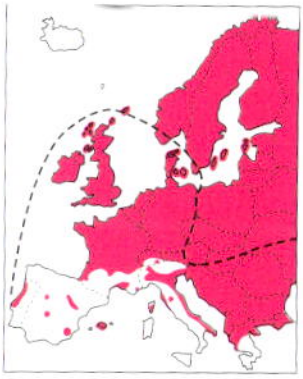

18 cm

J	F	M	A	M	J
J	A	S	O	N	D

Grauammer

Miliaria calandra

Größe:
Größer als Rohrammer

Merkmale:
Großer Kopf, braun gestreifter Rücken, unterseits heller. Im Flug wellenförmig, auf der Balz flatternd, mit hängenden Beinen

Schnabel:
Hell, schwer

Stimme:
Hastiges, konfuses Bimmeln

Ähnliche Arten:
Feldlerche, Goldammer

Diese große, ziemlich schlichte Ammer lebt in hügeligem Flachlandgebiet, offenen Landschaften und bewirtschaftetem Gebiet. Als Singwarten benutzt sie kleine Büsche, große Pflanzen oder Leitungsdrähte. Sie ist überwiegend seßhaft, bildet aber im Winter große Schwärme. Das Nest wird am Boden im Gewirr aus Gräsern angelegt. 4–6 Junge schlüpfen nach zwölf Tagen und sind nach neun Tagen flügge. Die Grauammer brütet zwei- oder dreimal.

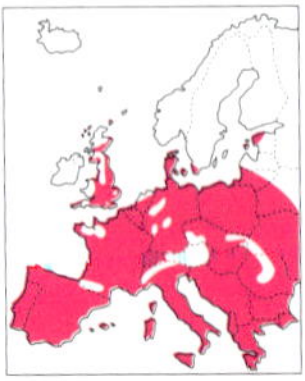

Altvogel

Altvogel

ARTENREGISTER